멘사 추리 퍼즐

3

IQ 148을 위한

MENSA

멘사 **추리 퍼즐** ③

PUZZLE

멘사코리아 감수

폴 슬론 · 데스 맥헤일 지음

보누스

상상력과 추리력을 총동원하라

아메리카 원주민들은 말을 타고 있는 사람을 처음 보고는 머리 두 개에 발이 네 개, 팔이 두 개 달린 새로운 생명체가 나타났다고 생각했다고 한다. 이는 비단 아메리카 원주민만의 이야기가 아닐 것이다. 대부분의 사람들이 새로운 문제에 부딪히거나 난생처음 겪는 상황에 처하게 되면 자신의 경험에 비추어 문제를 섣불리 단정짓고 옳지 않은 판단을 내린다. 고정관념에 얽매여 아무 의문도 품지 않은 채 성급하게 결론을 지어버리는 것이다.

그동안 나태하고 유연성 없는 사고의 악습을 반복해왔다면 이 책은 그러한 사고방식을 확실하게 바꿔주는 해독제가 될 것이다. 이 책의 문제를 해결하는 데 특별한 전문 지식은 전혀 필요 없다. 필요한 것은 빈틈없는 논리력과 날카로운 추리력뿐이다. 특히 편견과 선입관에서 벗어나 문제를 새로운 시각에서 바라보는 창의적인 사고방식, 즉 수평적 사고(Lateral Thinking)를 발휘해야 한다. 이 책에 수록된 수평적 사고 퍼즐들은 창조적이고 논리적인 사고력은 물론이고 문제 상황을 타파할 수 있는 끈기와 탐구심을 기르는 데 상당한 도움이 될 것이다.

덧붙여 친구나 가족, 동료들과 함께 문제를 풀면 훨씬 재미있게 즐길 수 있다. 한 명을 진행자로 정해서 그 사람만 정답을 볼 수 있게 하고, 나머지 사람들은 진행자에게 질문을 던져서 얻은 답변을 토대로 정답을 찾는다. 규칙을 엄격하게 지키고 싶다면 진행자는 사람들의 질문에 대해 '예' '아니오' '관계없다'로만 답해야 한다. 문제의 정답에 다가가려면 상상력과 추리력을 총동원해서 가설을 세워야 한다. 그리고 질문을 통해 그 가설을 하나하나 확인해나간다. 물론 상상치도 못했던 의외의 답에 놀라고 어이없을 수도 있겠지만 그래도 상관없다. 중요한 것은 즐겁고 유익하게 이 책을 활용하는 것이다. 정답을 찾을 길이 도저히 보이지 않을 때에는 힌트를 참고해도 되지만 되도록이면 혼자 힘으로 답을 찾아보기 바란다.

자, 이제 가벼운 마음으로 시작해보자.

폴 슬론·데스 맥헤일

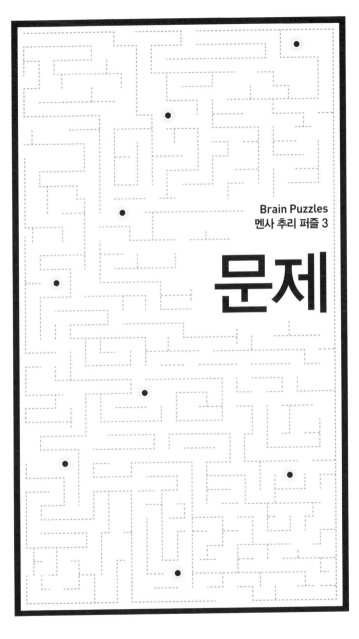

Brain Puzzles
멘사 추리 퍼즐 3

문제

★★★★

죽음의 파티

한 남자가 파티에 가서 펀치(술이 섞인 음료의 일종)를 몇 잔 마시고는 일찍 자리를 떴다. 그날 파티에서 펀치를 마신 사람들은 모두 독살을 당했다. 하지만 놀랍게도 남자만 죽음을 면했다.

　왜 그랬을까?

| 단서 |

1. 남자는 다른 사람들을 독살하지 않았다.
2. 남자가 나간 뒤 누군가가 펀치에 독을 탄 것은 아니다.
3. 펀치를 떠 마시는 국자나 잔, 펀치가 담겨 있는 그릇에는 이상이 없었다.
4. 죽은 사람들과 남자와의 관계는 사건과 관련이 없다.
5. 남자는 독에 내성이 있거나 면역이 되어 있지 않았다.
6. 남자처럼 일찍 자리를 떴다면 다른 사람들도 목숨을 잃지 않았을 것이다.

답: 172쪽

문제 002 **귀여운 곰 인형**

어느 소아과 병원에서 어린이 환자들을 위해 귀여운 곰 인형을 비치해두었다. 그런데 곰 인형을 본 아이들이 인형에 반한 나머지 인형을 집에 들고 가기 일쑤였다. 병원에서는 어떤 방법을 써서 아이들이 인형을 가져가지 못하도록 했을까?

│ 단서 │

1. 아이들은 전과 마찬가지로 곰 인형을 마음대로 가지고 놀 수 있었다.
2. 아이들이 좋아하지 않을 만한 곰 인형으로 바꾸지는 않았다.
3. 곰 인형을 가져가는 아이들을 혼내거나 부모에게 벌금을 받지는 않았다.
4. 아이들이 곰 인형을 좋아하고 아끼는 점을 이용했다.

답: 172쪽

고장난 라디오

★ ☆ ☆ ☆

한 소녀가 라디오를 틀었다. 그런데 이상하게도 소리가 나오다 말기를 반복했다. 소녀는 라디오의 장치에 전혀 손대지 않았으며, 라디오가 고장난 것도 아니다. 방송국에서 송출되는 전파에도 아무 문제가 없었다.

어떻게 된 일일까?

| 단서 |

1. 소녀가 라디오를 잘못 만졌기 때문은 아니다.

2. 같은 시간에 같은 방송을 들은 사람들은 대부분 아무 문제 없이 라디오를 들었지만, 몇몇 사람들은 소녀와 똑같은 일을 겪었다.

3. 소녀가 있던 장소와 관계가 있다.

4. 이것은 흔히 일어날 수 있는 일이다.

답: 172쪽

문제 004 남편의 추리 실력

아내가 외도를 하고 있다고 의심하는 남편이 있었다. 남편은 아내에게 "갑자기 일이 생겨서 며칠 출장을 다녀오겠소."라고 거짓말을 하고 집을 나가서는 한 시간 뒤에 다시 집으로 돌아왔다. 남편의 예상대로 아내는 이미 외출한 뒤였다. 그러나 남편은 아내가 만나는 남자의 이름과 주소를 어렵지 않게 알아낼 수 있었다.

　어떻게 알았을까?

| 단서 |

1. 남자의 이름과 주소는 집 안 어디에도 적혀 있지 않았다.
2. 남자의 신원을 짐작할 수 있는 내용이 적힌 글도 없었다.
3. 남편은 아내를 미행하지 않았다.
4. 남편은 자신이 집을 비우면 아내가 틀림없이 그 남자를 만나러 갈 것이라고 생각했다.

답: 172쪽

문제 005 건강한 환자

어느 병원에 내원하는 환자들 중에는 질병에 걸리지 않은 사람들이 더 많았다. 병원장이 조사해보니 이들은 아주 건강한 사람들인데도 병원에서 진찰을 받고 있었다.

왜일까?

| 단서 |

1. 이것은 매우 흔히 일어나는 일이다.
2. 이 병원의 환자들은 사회적으로 고립되어 있거나 정신질환이 있는 사람들이 아니다.
3. 이 병원을 찾는 사람들은 엄밀하게 말하면 병원에서 신체적인 치료를 받아야 하는 상태는 아니다. 하지만 대개는 이런 사람들도 진찰을 받고 있으며 이렇게 하는 것이 건강에도 좋다.

답: 172쪽

문제
006 **마지막 메시지**

한 남자가 연구실 책상 위에 엎드려서 죽은 채 발견되었다. 남자의 손에는 권총이 쥐여 있고 책상 위에는 녹음기가 놓여 있었다. 현장을 조사하던 경찰이 녹음기의 재생 버튼을 눌렀더니 "이제 내게는 아무런 희망도 살 이유도 없다."라는 말과 함께 '탕' 하는 총성이 흘러나왔다. 하지만 경찰은 이것이 살인사건임을 바로 알아차렸다.

어떻게 알았을까?

| 단서 |

1. 사건 현장은 자살인 것처럼 꾸며져 있었다.
2. 경찰이 살인사건임을 알아차린 것은 연구실이나 책상 또는 권총 때문은 아니다.
3. 사건의 실마리는 녹음기에 있다.
4. 녹음기에 담긴 남자의 목소리와 억양은 관계가 없다.

답: 172쪽

사과가 남네!

★ ☆ ☆ ☆

방 안에 소녀 여섯 명이 모여 있다. 방 안에는 사과 여섯 개가 담긴 바구니가 하나 있다. 그런데 여섯 명의 소녀들이 각자 사과를 한 개씩 가져가고도 바구니에 사과 한 개가 남았다.

어떻게 된 일일까?

| 단서 |

1. 조각난 사과나 먹다 남은 사과는 없었다.

2. 여섯 명 모두 사과를 한 개씩만 가져갔다.

3. 방에는 여섯 명의 소녀들 말고는 아무도 없었다.

4. 방 안에 있던 사과의 개수가 늘어나거나 줄지는 않았다.

답: 173쪽

문제 008 펑크쯤이야

한 남자가 아침에 일어나 출근을 하려다가 자동차 타이어 하나에 펑크가 나 있는 것을 발견했다. 하지만 남자는 펑크 난 타이어를 그대로 둔 채 320킬로미터를 운전해서 고객을 만나러 갔다. 그러고는 다시 320킬로미터를 운전해서 집으로 돌아왔다. 남자는 펑크가 난 타이어를 수리하지도, 공기를 다시 집어넣지도 않았다. 그런데도 어떻게 그 먼 거리를 운전하는 것이 가능했을까?

| 단서 |

1. 남자는 펑크 난 타이어를 그대로 두고 운전했다.
2. 타이어 때문에 차를 운전하기가 더 힘들지는 않았다.
3. 남자는 펑크 난 타이어나 또 다른 타이어를 손보지 않았다.
4. 남자는 휠만 있는 상태로 운전하지 않았다.
5. 남자는 특별한 기술이 있거나 특수 차량을 운전하는 사람이 아니다.

답: 173쪽

문제 009 포옹하는 법

오늘은 소년의 첫 데이트가 있는 날이다. 이 미국 소년은 한 번도 여자친구와 포옹을 해본 적이 없는 터라 몹시 긴장이 됐다. 포옹에 관한 정보를 얻고 싶었던 소년은 동네 도서관에 가서 《포옹하는 법》(How to Hug)이라는 책을 빌렸다. 그러나 집에 와서 책을 펼친 순간, 소년은 엄청나게 실망하고 말았다. 책에 쓸 만한 정보가 하나도 없었기 때문이다.

어떻게 된 일일까?

| 단서 |

1. 소년이 빌린 책은 포옹과는 전혀 상관없는 내용이었다.
2. 책표지가 바뀌었거나 잘못 인쇄되지 않았다.
3. 소년이 빌린 책은 영어로 씌어진 책이다.
4. 소년은 신체적으로 문제가 없고 글도 읽을 수 있다.
5. 책표지에 적힌 제목은 그 내용에 맞는 적절한 제목이었다.
6. 누구라도 이 책의 표지를 보면 어떤 종류의 책인지 쉽게 알 수 있다.

답: 173쪽

문제 010 　두 명의 대통령

미국의 제22대 대통령과 제24대 대통령은 부모가 같은 사람이다. 하지만 두 대통령이 서로 형제 관계는 아니라고 한다.

　둘은 과연 어떤 관계일까?

| 단서 |

1. 두 대통령은 남매 관계가 아니다.(현재까지 미국 역사상 여성 대통령은 없었다.)
2. 두 대통령 모두 정상적인 대통령 선거를 통해 선출되었다.
3. 두 대통령은 모두 남자이다.

답: 173쪽

문제 011 내키지 않는 식사

한 남자가 여느 때와 다름없이 오후 5시에 집에 도착했다. 점심을 굶은 남자는 몹시 배가 고팠고 마침 집에는 그가 가장 좋아하는 음식이 차려져 있었다. 그런데 평소 같았으면 집에 오자마자 저녁을 먹던 사람이 저녁 8시가 될 때까지 기다린 후에야 혼자 밥을 먹었다. 왜 그랬을까?

| 단서 |

1. 남자는 다이어트 중이거나 함께 식사할 사람을 기다린 것이 아니다.
2. 남자는 저녁 8시가 되기 전에 식사를 할 수도 있었지만 그러지 않았다.
3. 남자가 식사를 할 수 없었던 것은 건강상의 이유와는 관계가 없다.
4. 남자는 저녁 8시까지 식사뿐 아니라 물도 먹지 않았다.
5. 남자는 다음 날도 똑같은 행동을 했지만, 다음 날은 저녁 8시 2분이 되어서야 밥을 먹었다.

답: 173쪽

문제 012 프로타고라스의 수업료

고대 그리스의 철학자이자 변론가인 프로타고라스가 가난하지만 장래성 있는 젊은이를 제자로 받아들였다. 당장에는 수업료를 낼 수 없는 처지의 제자를 위해 프로타고라스는 "첫번째 재판에서 이기게 되면 수업료를 달라"고 했고, 제자는 스승의 제안을 기꺼이 받아들였다. 그런데 프로타고라스의 수업을 다 듣고 난 제자가 자신은 이제 변론가의 길을 갈 생각이 없으니 시골에 가서 염소나 기르면서 살겠다는 것이다. 그동안 제자를 가르치느라 쏟은 노력이 허사가 되는 것은 물론이요, 수업료까지 못 받을지도 모른다는 생각이 든 프로타고라스는 제자를 고소해서라도 수업료를 받기로 했다. 이 재판의 승자는 누구였을까?

| 단서 |

프로타고라스와 제자는 각각 자신이 승리할 것이라고 생각했다. 제자는 자신이 재판에서 이기면 재판의 결과에 따라 수업료를 내지 않아도 되며, 재판에서 이기지 못하더라도 첫번째 재판에서 이기지 못했으므로 수업료를 낼 필요가 없다고 주장했다. 프로타고라스 역시 나름의 근거가 있었다. 자신이 재판에서 이기면 재판의 결과에 따라 수업료를 받아야 하며, 재판에서 이기지 못하더라도 제자가 첫번째 재판에서 이겼기 때문에 수업료를 받아야 한다고 주장했다.

답: 173쪽

문제 013 같고도 다른

기능은 같지만 작동 방식은 전혀 다른 물건 두 개가 있다. 이 중 하나는 일부분이 수천 번씩 움직이지만, 다른 하나는 전혀 움직이지 않고도 같은 기능을 수행한다. 이것은 무엇일까?

| 단서 |

1. 이 두 물건은 일상생활에서 꼭 필요한 기능을 수행한다.
2. 두 물건 모두 전기제품이 아니다.
3. 수천 번 움직이는 부분은 사람의 손을 빌리지 않고도 작동하며, 실내에서 사용하는 일이 많다.
4. 움직임이 없는 물건은 주로 야외에서 볼 수 있으며, 일상생활에서는 그다지 사용하지 않는다.
5. 둘 다 근대 이전부터 몇 세기 동안 대동소이한 형태를 유지해 온 물건들이다.

답: 174쪽

문제 014 죽음의 질주

브레이크도 없는 자동차가 시속 100킬로미터에 가까운 속도로 철도 건널목을 향해 다가가고 있다. 한편 기차도 시속 100킬로미터로 같은 곳을 향해 달려오고 있다. 무인시스템이 갖춰진 건널목에는 방벽 하나 없다. 길이 100미터의 기차는 철도 건널목까지 불과 50미터를, 자동차는 100미터를 남겨놓은 상태다. 기차와 자동차는 방향을 바꾸거나 속도를 줄이지 않고 그대로 건널목을 향해 달려갔다. 그런데 이상하게도 자동차 운전자는 운전석에 앉아서 무사히 건널목을 통과했다. 어떻게 된 일일까?

| 단서 |

1. 도로와 기찻길은 같은 건널목 위를 직각으로 교차한다.
2. 자동차 운전자는 다리나 터널을 통해 건널목을 통과하지 않았다.
3. 자동차와 운전자, 기차는 아무 사고 없이 건널목을 지나갔다.
4. 자동차와 기차는 동일한 건널목을 동시에 통과했다.

답: 174쪽

문제 015 관세장벽을 넘다

뉴욕의 한 백화점에서 프랑스에 있는 장갑 제조업자에게 고급 물개 가죽 장갑을 5천 개나 주문했다. 얼마 후 장갑 제조업자는 미국에 물개 가죽 장갑을 수출하려면 매우 비싼 관세를 지불해야 한다는 사실을 알게 되었다. 하지만 그는 관세를 전혀 내지 않으면서도 완전히 합법적인 방법으로 장갑을 수출하는 데 성공했다.

어떤 방법을 썼을까?

| 단서 |

1. 장갑 제조업자는 밀수를 하거나, 장갑을 장갑이 아닌 것처럼 위장하지 않았다.
2. 장갑 제조업자는 관세 대신 다른 세금을 내지 않았다.
3. 관세를 내지 않으면 물건을 세관에 몰수당하며, 경매에 부쳐져 가장 높은 가격을 제시한 이에게 판매된다.

답: 174쪽

문제 016 | 이상한 테니스 경기

두 남자가 함께 테니스를 쳤다. 그런데 두 사람 모두 총 5세트 경기에서 3세트를 이겼다.

어떻게 이런 일이 일어날 수 있을까?

| 단서 |

1. 두 남자가 한 것은 일반적인 규칙이 적용되는 경기였다.
2. 두 남자는 신체적으로 아무런 이상이 없었다.
3. 두 남자는 동시에 같은 코트에서 같은 경기를 했다.

답: 175쪽

문제 017 숙적

사람들이 북적이는 레스토랑에서 브라질 축구팀의 팬이 강력한
라이벌인 아르헨티나 축구팀 팬과 맞닥뜨렸다. 브라질 축구팀
팬은 아르헨티나 축구팀 팬에게 다가가더니 다짜고짜 주먹을
날렸다. 상대방은 그대로 바닥에 나가떨어졌다. 그런데 얼마 후
정신을 차린 남자는 옷을 툭툭 털고 일어나더니 자신을 때린 사
람에게 고맙다는 인사를 건네는 것이 아닌가?

　대체 어떻게 된 일일까?

| 단서 |

1. 두 사람은 서로 처음 보는 사이였다.
2. 아르헨티나 축구팀의 팬은 자기를 때린 사람에게 진심으로
　고마워했다.
3. 브라질 축구팀의 팬이 아르헨티나 축구팀 팬에게 어떤 도움
　을 주었다.

답: 175쪽

문제 018 잠자는 왕

영국의 왕 조지 2세는 9월 2일에 잠자리에 들어 9월 14일이 될 때까지 자리에서 일어나지 않았다. 하지만 왕의 주치의나 신하들은 왕의 건강을 걱정하지 않았다. 그도 그럴 것이 역사적으로 프랑스의 왕 앙리 3세 역시 12월 9일에 잠자리에 들어서 12월 20일에야 눈을 뜬 선례가 있었기 때문이다.

그 시절의 왕들이 아무리 안락하고 무사태평한 삶을 살았다고는 해도 이렇게까지 오래 잠들어 있었던 이유는 무엇일까?

| 단서 |

1. 조지 2세와 앙리 3세는 서로 아무 관련이 없다.

2. 두 왕의 건강에는 아무 이상이 없었으며, 특정 약물을 복용하지도 않았다.

3. 조지 2세의 사건은 1752년에, 앙리 3세의 사건은 이로부터 170년 전에 일어난 일이다.

4. 당시에는 이것이 지극히 정상적인 일이었다.

답: 175쪽

문제 019 봐서는 안 될 것

★★★★

소녀는 집 안에 있는 지하실 문을 한 번도 열어본 적이 없다. 부모님이 절대로 지하실 문을 열지 말라고 했기 때문이다. 부모님은 그 문을 열면 소녀가 봐서는 안 될 것이 있다고 경고했다. 하지만 소녀는 호기심을 참지 못하고 지하실 문을 열었고, 깜짝 놀라고 말았다. 소녀는 무엇을 보았을까?

| 단서 |

1. 소녀는 눈앞의 광경을 보고 놀랐지만, 보통 사람이라면 놀라지 않았을 것이다.
2. 지하실 안에는 일반적으로 지하실 안에 있지 않은 무언가가 있었다. 하지만 소녀가 놀란 것은 그것 때문이 아니다.
3. 소녀는 살아 있는 생물을 보고 놀라지는 않았다.

답: 176쪽

문제 020 최악의 선원

짐은 배 안의 선원들 중에서도 최악의 선원이었다. 퉁명스러운 성격에 게으르고 믿음직스럽지 못하며 비협조적이기까지 한 사고뭉치였다. 그런데도 선장은 "짐 같은 선원이 열 명만 있었으면 좋겠다"라고 입버릇처럼 말했다.

왜 그랬을까?

| 단서 |

1. 짐은 쓸모 있는 재주나 기술을 갖고 있는 선원이 아니다.
2. 짐은 다른 선원들과 똑같은 일을 했으며, 특별한 직무를 수행하지는 않았다.
3. 짐의 임금이 다른 선원들보다 낮지는 않았다.
4. 짐이 승선한 배는 실제로 바다 위를 항해 중인 배이다.

답: 176쪽

문제 021 맨홀 뚜껑의 비밀

우리 마을의 맨홀 뚜껑은 사각형이었다. 그런데 어느 날 시의회에서 맨홀 뚜껑을 전부 원형으로 교체하라는 지시를 내렸다. 처음에는 왜 이런 쓸데없는 일을 벌이나 싶어 시민들의 반발이 거셌지만, 나중에는 모두들 바꾸기를 잘했다고 생각했다.

왜일까?

| 단서 |

1. 맨홀 뚜껑을 원형으로 만드는 것은 어디에서든 흔히 있는 일이다.
2. 비용이나 효율성과는 관련이 없다.
3. 원형 맨홀 뚜껑은 안전사고와 관련이 있다.
4. 보통은 맨홀 뚜껑을 맨홀의 구멍보다 약간 크게 제작한다.

답: 176쪽

★☆☆☆

아일랜드 술집의 비밀

한 남자가 아일랜드 더블린에서 코크까지 길을 걸어가는 동안 술집을 한 곳도 지나치지 않았다. 참고로 아일랜드에서는 어디를 가나 술집을 쉽게 볼 수 있다.

어떻게 된 일일까?

| 단서 |

1. 더블린에서 코크까지는 320킬로미터가 넘는다.
2. 더블린과 코크 사이의 도로에는 술집이 많이 있다.
3. 남자는 술집을 마주치지 않으려고 특별한 길로 걷지는 않았다.
4. 남자가 지나간 길은 사람들이 오가는 평범한 도로였다.
5. 남자는 더블린에서 코크까지 가는 데 아주 오랜 시간이 걸렸다.

답: 176쪽

상류층의 파티

★★★☆

상류층 사람들을 초청한 화려한 디너파티에 모인 사람들이 값비싼 황금 동전을 돌려보고 있었다. 그때 갑자기 불이 꺼졌다가 들어왔고, 그 사이에 황금 동전이 감쪽같이 사라져버렸다. 손님들은 각자 주머니에 든 소지품을 꺼내 조사하기로 했다. 그런데 유독 한 남자만이 강하게 거부하고 나섰다. 결국 경찰에 신고까지 하게 되었지만, 경찰이 도착하기 전에 접시 아래로 굴러 들어간 동전이 발견되어 오해가 풀렸다.

남자는 동전을 훔치지도 않았으면서 왜 소지품 조사를 거부했을까?

| 단서 |

1. 남자는 황금 동전을 훔치려던 범인 또는 공범은 아니었다.
2. 남자의 주머니 속에는 황금 동전이 들어 있지 않았다.
3. 남자 역시 다른 손님들과 마찬가지로 상류층 사람이었다.
4. 남자는 주머니 속에 무언가를 집어넣었고, 그것을 들킬까 봐 걱정했다.

답: 176쪽

문제 024 땅속에 묻히다

존 브라운은 정확히 12월 6일 목요일에 사망해서, 같은 주 수요일인 12월 5일에 땅에 묻혔다.

어떻게 이런 일이 가능할까?

| 단서 |

1. 남자는 죽고 난 뒤 같은 해 같은 주에 땅에 묻혔다.
2. 남자는 죽은 다음 날 매장되었다.
3. 남자가 매장될 때 그는 죽어 있었다.
4. 남자가 죽은 장소와 매장된 장소가 문제의 단서다.
5. 뉴욕이나 런던 같은 곳에서는 일어날 수 없는 일이다.

답: 177쪽

문제 025 두 명의 보초

병사 두 명이 막사 앞에서 보초를 서고 있었다. 한 사람은 북쪽을 바라보고 서서 수상한 자가 접근하지는 않는지 살피고, 다른 한 사람은 남쪽을 향해 서서 역시 누군가 다가오는 사람이 있는지 예의주시하고 있었다. 그런데 갑자기 한 명이 상대방에게 "왜 웃고 있지?"라고 물었다. 그는 동료 병사가 웃고 있다는 사실을 어떻게 알았을까?

| 단서 |

1. 두 사람은 서로 반대 방향을 지켜보고 있었다.

2. 거울이나 카메라 혹은 렌즈 같은 물건은 없었다.

3. 상대방 병사는 웃을 때 웃음소리를 내지 않았다.

4. 두 사람은 서로의 얼굴을 볼 수 있었다.

답: 177쪽

문제 026

제 말이 이상한가요?

로스앤젤레스에 사는 사업가가 원어민 강사에게 일본어를 배웠다. 남자는 열심히 노력한 덕분에 문법을 완벽하게 익혔고, 어휘력도 매우 향상되었으며, 발음도 훌륭했다. 그런데 막상 일본 현지의 거래처 사람들과 이야기를 하게 되자 일본 사람들은 웃음을 참지 못하고 남자를 놀려댔다.

왜 그랬을까?

| 단서 |

1. 미국인이 일본어를 한다는 사실 때문에 놀림거리가 된 것은 아니다.
2. 남자의 일본어는 객관적으로 봤을 때도 웃음거리가 될 만큼 문제가 있었다.
3. 미국인 특유의 억양이 섞였거나 문법이 잘못되었기 때문은 아니다.
4. 남자는 일본인 아내에게 직접 일본어를 배웠다.

답: 177쪽

문제 027 지각생의 변명

대학생 네 명이 수업에 지각을 했다. 학생들은 교수에게 "넷이 함께 타고 오던 자동차 타이어가 펑크가 나서 늦었다"라고 변명을 했다. 하지만 교수는 학생들의 말이 거짓임을 밝혀냈다.

어떻게 알아냈을까?

| 단서 |

1. 학생들이 입은 옷이나 날씨를 통해서는 학생들의 말이 진실인지 거짓인지 알 수 없었다.
2. 지각한 학생들이 타고 온 차의 타이어는 사실 멀쩡했다.
3. 교수는 학생들에게 단 한 가지 질문을 던져 이들의 말이 거짓임을 알아냈다.

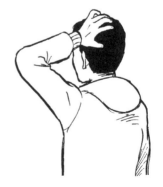

답: 177쪽

문제 028 내 차 안의 이방인

교외에 사는 부부가 황급히 차를 몰아 시내로 나오던 중에 자동차 연료가 다 떨어진 것을 알아챘다. 남편은 주유소를 찾기 위해 차에서 내렸고, 아내에게 문과 창문을 잘 잠그고 기다리라고 당부했다. 그런데 얼마 후 남편이 돌아와 보니, 아내는 모든 문이 잠겨 있는 차 안에서 죽어 있었고 그 옆에는 낯선 남자가 있었다. 이 차에는 선루프(자동차 지붕에 설치한 보조창)도 설치되어 있지 않고 해치백(트렁크에 문을 단 승용차로, 트렁크 문을 열면 뒷좌석과 바로 연결되는 구조의 차)도 아니기 때문에, 반드시 차 문을 열어야만 안으로 들어갈 수 있다. 하지만 누군가가 차 문을 부수고 들어간 흔적은 없었다.

아내에게는 무슨 일이 일어났으며, 옆에 있는 낯선 남자는 누구일까?

| 단서 |

1. 아내가 타고 있던 차는 문이 네 개 달린 일반적인 승용차였다.
2. 아내는 자살하거나 살해당하지 않았으며, 사고로 죽었다.
3. 아내의 사인은 독살이나 질식, 심장마비는 아니었다.
4. 아내는 옆에 있던 낯선 남자 때문에 죽었지만, 고의적인 것은 아니었다.

답: 178쪽

죽음의 드라이브

★ ☆ ☆ ☆

매일 위험하기 그지없는 꼬불꼬불한 산길을 운전해서 출퇴근하는 남자가 있었다. 하지만 그는 누구보다도 그 길을 잘 알고 있었기에 빠르고 안전하게 산길을 오갔다.

어느 날, 남자가 회사에서 일하는 동안에 차에 도둑이 들어 몇 가지 물건을 훔쳐 갔다. 다행히 차는 아무 고장도 나지 않았고, 남자는 그대로 차를 몰고 퇴근길에 올랐다. 하지만 그는 집에 돌아갈 수 없었다. 도중에 산길에서 추락해 목숨을 잃고 만 것이다. 남자는 왜 그토록 익숙한 길에서 추락 사고를 일으켰을까?

│ 단서 │

1. 자동차 부품이나 전기 장치에는 문제가 없었다.
2. 남자는 사고로 죽었으며, 사고 원인은 도난당한 물건과 관련이 있다.
3. 도난당한 물건은 남자가 운전할 때 쓰는 물건이었다.

답: 178쪽

벌써 여덟 살

태어나서 첫 번째 생일에 여덟 살이 된 소녀가 있다.
 어떻게 이런 일이 가능할까?

| 단서 |

1. 소녀는 신체적으로 아무 문제가 없다.

2. 소녀의 나이는 12개월을 1년으로 계산한 일반적인 나이이다.

3. 소녀는 두 번째 생일에 열여섯 살이 되지는 않았으며, 그렇다
 고 아홉 살이 되지도 않았다.

4. 소녀는 19세기에 태어나 20세기까지 살았다.

5. 소녀와 생일이 같은 사람이라면 누구라도 첫 번째 생일에 여
 덟 살이 된다.

답: 178쪽

문제 031 페니블랙의 비밀

페니블랙(penny black)은 1840년에 영국에서 발행된 세계 최초의 우표다. 페니블랙 덕분에 우정 제도가 크게 개선되었고, 이후 세계 여러 나라에서 우표를 발행하기 시작했다. 하지만 페니블랙은 고작 일 년밖에 발행되지 못한 채 페니레드로 교체되었다.

그 이유가 무엇일까?

| 단서 |

1. 페니블랙에 사용된 종이나 잉크에는 문제가 없었다.
2. 페니레드는 페니블랙과 디자인은 같고, 색깔만 검은색에서 붉은색으로 바뀌었다.
3. 페니블랙의 색깔이 검은색이기 때문에 문제가 생겼다.
4. 페니블랙을 인쇄하는 데 특별히 어려운 점이나 문제가 있었던 것은 아니다.

답: 178쪽

문제 032 교육감의 방문

교육감이 어느 학교를 방문했다가 실로 놀라운 수업 광경을 목격했다. 교육감이 어떤 질문을 해도 모든 학생들이 너도나도 손을 드는 것이 아닌가? 게다가 교사가 지목하는 학생들은 하나같이 정답을 맞혔다.

　어떻게 이런 일이 가능할까?

| 단서 |

1. 교육감은 학생들에게 많은 질문을 했다.
2. 교사는 정답을 알고 있는 학생에게만 답을 말하게 했다.
3. 학생들은 모두 평범한 보통 학생들이었다.
4. 손을 든 학생들이 모두 정답을 알고 있었던 것은 아니다.
5. 교사는 교육감이 어떤 질문을 할지 알지 못했다.

답: 179쪽

문제 033 아버지와 아들

월리엄의 아버지는 월리엄의 할아버지보다도 나이가 많다.
어떻게 이런 일이 가능할까?

| 단서 |

자기 아들보다 어린 아버지는 없다. 하지만 아버지보다 나이가
어린 할아버지는 있을 수 있다. 마찬가지로 어머니보다 나이가
어린 할머니도 있을 수 있다. 그러나 할아버지와 할머니가 '모
두' 아버지와 어머니보다 어린 경우는 없다.

답: 179쪽

문제 034 불길을 피하라

길이 1킬로미터에 폭이 100미터에 불과한 섬에 한 남자가 살고 있었다. 오랫동안 가뭄이 계속된 터라 섬의 풀숲은 바싹 말라 있었다. 어느 날, 섬의 한쪽 끝에 갑자기 불이 붙기 시작했다. 불은 강한 바람을 타고 거세게 번지기 시작했다. 하지만 섬의 폭이 워낙 좁아 도망칠 곳이 없었다. 게다가 사방은 가파른 낭떠러지였으며, 바닷속에는 굶주린 상어가 득실거렸다.

　남자는 어떻게 불길을 피했을까?

| 단서 |

1. 남자는 바다로 뛰어들거나 바닷물을 이용해 불을 피하지는 않았다.
2. 방화선(불이 번지는 것을 막기 위해 불에 탈 만한 것을 없애고 어느 정도 넓이로 둔 빈 지대)을 만들 만한 시간은 없었다.
3. 남자는 무언가를 사용해서 불을 끄지 않았다.
4. 남자는 계속 섬 위에 있었다.
5. 강한 바람과 관련이 있다.

답: 179쪽

동생의 조카

★ ☆ ☆ ☆

어느 날 남매가 함께 쇼핑을 하다가 멀리서 한 소년을 보았다.

남동생이 소년을 가리키며 말했다. "저기 조카가 있네."

그러자 누나가 답했다. "그러게. 하지만 내 조카는 아닌걸."

누나는 왜 이렇게 말했을까?

| 단서 |

문제에 숨어 있는 함정은 없다. 두 사람은 정상적인 남매지간이며, 남동생이 가리킨 소년은 그의 조카가 맞지만 누나의 조카는 아니다.

답: 179쪽

문제 036 밀실 살인

목에 끈을 칭칭 감은 채 죽은 남자가 발견되었다. 방은 안에서 잠겨 있었으며, 목에 감겨 있는 끈을 제외하고는 사체에 특이한 점은 없었다. 사람은 숨이 끊어지기 전에 기절하기 때문에 자기 스스로 목을 쥘 수는 없다.

　남자는 과연 어떻게 죽었을까?

| 단서 |

1. 남자의 목에 감겨 있는 끈이 방 안 어딘가에 매여 있지 않았다.
2. 얼음을 사용한 흔적은 없었다.
3. 남자는 자살했으며, 이 사건에 남자 이외에 다른 사람은 관련되어 있지 않다.
4. 끈 이외에 단서가 될 만한 다른 물건은 없었다.

답: 179쪽

문제 037 공짜로 얻은 지도

두 차례에 걸친 세계대전이 한창일 무렵, 영국 정부는 보다 정확한 전국 지도를 제작하려 했다. 그러자면 최첨단 기술과 항공사진이 필요했는데, 문제는 지도를 제작하는 데 엄청난 비용이 든다는 것이었다. 수많은 비행기를 띄워 사진을 찍은 다음 다시 그 사진을 맞추는 작업을 해야 했기 때문이다. 그런데 막상 지도 제작을 마치고 보니 제작비가 들지 않게 되었다.

어떻게 된 일일까?

| 단서 |

1. 영국 정부는 지도 제작비를 충당하기 위해 지도를 판매하지 않았다.

2. 지도 제작에 필요한 비행기와 사진기사, 장비 등을 무상으로 제공받지 않았다.

3. 영국 정부는 정확한 지도를 만들었다.

4. 지도를 만드는 과정에서 뜻하지 않게 들어온 유용한 정보가 있었다.

5. 영국 정부는 이 정보를 팔지는 않았지만, 이 정보 덕분에 제작비를 충당할 수 있었다.

답: 180쪽

문제 038 초상화의 주인공

한 남자가 초상화를 바라보며 이렇게 말했다.

"나는 아들도 형제도 없지만 그림 속 인물의 아버지는 내 아버지의 아들이다."

그림 속 인물은 누구일까?

| 단서 |

이 문제는 가설을 세울 필요가 전혀 없다. 남자가 한 말을 하나하나 논리적으로 따져보면 답이 보인다. 이 남자는 형제가 없다고 했으니, '내 아버지의 아들'은 누구겠는가?

답: 180쪽

기이한 고공낙하

한 남자가 낙하산도 없이 비행기에서 맨땅으로 뛰어내렸다. 하지만 신기하게도 상처 하나 없이 무사했다. 어떻게 된 일일까?

| 단서 |

1. 남자는 낙하산 대신에 특수복을 입거나 특수 장비를 착용하지는 않았다.
2. 남자는 평범한 사람이다.
3. 남자는 낙하속도를 줄이기 위해 낙하 도중 다른 장치를 사용하지 않았으며, 계속 중력가속도의 영향을 받으며 낙하했다.
4. 비행기의 고도는 해발 1,500미터였으며, 바다 위를 비행하고 있지는 않았다.
5. 비행기가 빠른 속도로 날고 있지는 않았다.

답: 180쪽

문제 040 **골프 황제를 이기다**

한 남자가 유명한 골프 챔피언에게 도전장을 내밀었다. 단, 자신이 원하는 시간과 장소를 지정해서 경기를 벌인다는 조건이었다. 골프 챔피언은 이 도전을 받아들였다가 허망하게 지고 말았다. 남자는 어떻게 이겼을까?

| 단서 |

1. 도전자와 챔피언은 일반적인 골프 코스를 이용했다.
2. 도전자는 챔피언에 버금갈 만한 정상급 선수는 아니었지만, 실력이 나쁘지는 않았다.
3. 챔피언은 최선을 다해 경기에 임했다.
4. 경기를 벌인 시간이 도전자에게 유리했다.

답: 180쪽

★★★☆

문제 041 육상 챔피언을 이기다

한 남자가 100미터 단거리 육상 챔피언에게 도전장을 내밀었다. 단, 자신이 제안한 경기 방식과 코스대로 경기를 벌이는 조건이었다. 챔피언은 이 도전을 받아들였다가 허망하게 지고 말았다.

어떻게 된 일일까?

| 단서 |

1. 도전자와 챔피언은 달리기 시합을 했다.
2. 경기를 벌인 시간은 중요하지 않다.
3. 뒤로 달리기나 옆으로 달리기, 손을 땅에 짚고 달리는 시합은 아니었다.
4. 둘은 장거리가 아닌 단거리 시합을 벌였다.

답: 180쪽

할 말을 잃다 ★★★★

절친한 친구였던 두 남자가 몇 년 만에 만났음에도 불구하고 서
로에게 한마디도 건네지 않았다. 두 사람은 청각장애인도 아니
며 말을 하면 안 되는 장소에서 만난 것도 아니었다.

　왜 그랬을까?

| 단서 |

1. 두 친구는 서로를 알아보고 인사도 했다.
2. 두 친구는 가까운 거리에 있었다.
3. 두 친구를 감시하거나 둘의 대화를 엿듣고 있는 사람은 없었
　다.
4. 두 친구의 주변에 있는 사람들 역시 아무 말도 하지 않았다.
5. 두 친구가 만난 곳은 실내가 아니다.

답: 180쪽

★ ☆ ☆ ☆

043 젊어지는 남자

벤은 1980년에 스무 살이었다가 1985년에 열다섯 살이 되었다. 어떻게 이런 일이 가능할까?

| 단서 |

1. 벤은 지극히 평범한 사람이다.
2. 벤의 생일은 2월 29일이 아니다.
3. 벤은 해마다 한 살씩 나이를 먹었다.
4. 날짜 계산법과 관련이 있다.

답: 181쪽

문제 044

어떤 바보

아름다운 경치로 유명한 어느 산골 마을에 관광객을 끌어모으는 바보가 있었다. 관광객들이 반짝반짝 빛나는 50센트짜리 동전과 꼬깃꼬깃 구겨진 5달러짜리 지폐를 내밀면 이 바보는 50센트짜리 동전을 집어 갔다. 50센트 동전보다는 5달러 지폐가 훨씬 큰돈인데도 동전을 들고 간 이유는 무엇일까?

| 단서 |

1. 이 사람은 바보 행세를 하는 사람일 뿐 진짜 바보는 아니다.
2. 지폐가 아닌 동전을 고를 만한 이유가 있었다.
3. 지폐보다 동전이 더 유용하거나 값어치가 있는 것은 아니다.

답: 181쪽

문제 045 브리지 게임

브리지 게임은 4명이 즐기는 카드 게임으로, 2명씩 한 팀이 되어 진행된다. 브리지 게임에서는 조커를 제외한 52장의 카드를 각각 13장씩 나누어 가진 후, 스페이드·하트·다이아몬드·클럽 중 하나를 '트럼프 카드'(으뜸패)로 정한다. 예를 들어 트럼프 카드가 스페이드로 정해졌을 경우, 한 팀에서 스페이드 13장을 모두 가지고 있다면 게임에서 이길 가능성이 매우 높아진다.

만약 트럼프 카드가 스페이드일 경우, 한 팀에서 스페이드를 전부 가지고 있을 확률이 더 높을까 아니면 하나도 갖고 있지 않을 확률이 더 높을까?

| 단서 |

카드는 52장의 카드와 1~2장의 조커가 한 벌을 이룬다. 카드에는 각각 ♠(스페이드)·♥(하트)·◆(다이아몬드)·♣(클럽)이라는 마크가 표시되어 있으며, 각 마크별로 A·K·Q·J가 씌어진 카드, 그리고 2부터 10까지의 숫자가 씌어진 카드를 합해 모두 13장씩 구성되어 있다.

브리지 게임에서는 4명이 각각 13장의 카드를 나누어 가지는데, 한 팀에서 트럼프 카드 13장을 모두 갖게 될 행운은 거의 일어나지 않는다. 그렇다면 상대 팀이 트럼프 카드를 한 장도 갖고 있지 않을 확률은 어떨까?

답: 181쪽

문제 046 납치범의 속임수

한 갑부의 아들이 납치당했다. 납치범은 협박 편지를 보내 아들의 몸값으로 매우 값비싼 다이아몬드를 공원 한가운데에 있는 공중전화 부스에 놓고 가라고 요구했다. 갑부는 공중전화 부스에 도착해 납치범의 지시에 따랐다. 물론 공원 곳곳에는 사복으로 위장한 경찰들이 범인이나 공범이 나타나기를 기다리고 있었다. 하지만 경찰은 교활한 범인이 다이아몬드를 빼돌리는 것을 대책 없이 바라보고 있을 수밖에 없었다.

범인은 어떤 술수를 썼을까?

| 단서 |

1. 갑부는 공중전화의 전화로 납치범과 통화를 하지는 않았다.
2. 납치범은 공원 밖에 있었으며, 다른 공범은 없었다.
3. 납치범은 다이아몬드를 안전하게 공원 밖으로 가져갔다.
4. 다이아몬드를 공원 밖으로 빼낼 때 교통수단이나 터널을 이용하지는 않았다.

답: 181쪽

문제 047 케이오승

오랜 시간을 끌던 권투 경기가 한 선수의 케이오승으로 끝났다. 경기 중에 펀치를 날린 남자는 아무도 없었는데 어떻게 케이오 승으로 판정이 났을까?

| 단서 |

1. 발이나 머리, 또는 도구를 사용하여 상대방을 치지는 않았다.
2. 경기는 규칙에 어긋나지 않게 진행되었다.
3. 경기를 치른 권투 선수들에게 특이한 점이 있었다.

답: 181쪽

문제 048 불쌍한 애완동물

어떤 사건으로 인해 한 동물이 불쌍하게 죽었지만, 덕분에 인류는 커다란 발전을 이루었다.

어떤 사건일까?

| 단서 |

애완견 한 마리가 먼 길을 떠났다가 살아 돌아오지 못한 사건이 있었다. 이것은 세계 여러 나라의 정치적인 이해 관계가 얽혀 있던 실험이었다.

답: 181쪽

문제 049 다시는 그러지 마세요

한 남자가 도로변에 차를 세우더니 은행으로 뛰어 들어갔다. 남자는 스물다섯 명의 사람들을 움직이지 못하게 하고는, 20만 원을 훔쳐 은행에서 나왔다. 은행 밖에는 남자의 행동을 전부 지켜본 경찰이 서 있었다. 그런데 경찰은 남자를 체포하기는커녕 "다시는 이런 짓을 하지 말라"고만 말하고 그대로 보내주었다.

왜 그랬을까?

| 단서 |

1. 남자가 움직이지 못하게 했던 사람들은 몹시 화를 냈다.

2. 경찰은 공범이 아니었으며, 남자와는 모르는 사이였다.

3. 경찰은 남자의 위법 행위를 똑똑히 목격했다.

4. 경찰은 남자가 은행에서 훔친 20만 원을 되돌려받지 않았으며, 남자에게 "다시는 사람들을 움직이지 못하게 하지 말라"고만 주의를 주었다.

답: 182쪽

문제 050 줄지 않는 환자

★★★☆

세인트 제임스 병원은 언제나 교통사고를 당한 사람들로 북적였다. 이 병원에서 도시의 모든 교통사고 환자들을 전담하기도 하지만, 무엇보다 이 도시의 교통사고율이 워낙 높기 때문이었다. 시 당국에서는 시민의 안전을 위협하는 교통사고를 줄이고자 안전벨트 착용을 의무화하는 법률을 제정했다. 그런데도 교통사고 수치는 전혀 변함이 없었다. 게다가 병원은 더 많은 교통사고 환자들로 북적였다.

어떻게 된 일일까?

| 단서 |

1. 운전자들이 안전벨트를 믿고 더 험하게 운전하지는 않았다.
2. 보행자나 자전거 이용자들의 사고는 감소했지만, 운전자와 승객들의 부상은 더 늘었다.
3. 심각한 중상을 입은 사람들은 감소했다.
4. 이 도시와 병원 또는 시민들에게 특이한 점은 없었다.
5. 도로상의 안전사고를 예방하려는 목적은 달성되었다.

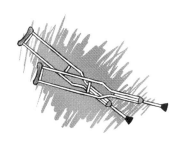

답: 182쪽

★☆☆☆

문제 051 쇼핑의 중요성

한 남자가 아침 9시에 일어났다. 그는 일어나자마자 쇼핑을 하러 갈 생각이었으나, 신문을 읽는 데 정신이 팔려서 쇼핑 갈 시간을 놓치고 말았다. 오전 11시에 그는 비행 수업을 듣기 위해 부랴부랴 집을 나섰다. 비행하는 동안에는 비행 교관의 지시를 잘 따랐다. 하지만 착륙할 때 교관의 말을 무시하는 바람에 다른 비행기와 충돌해서 남자와 교관 둘 다 목숨을 잃고 말았다. 남자가 애초 계획대로 쇼핑을 갔더라면 사고를 피할 수 있었을 것이다. 그 이유는 무엇일까?

| 단서 |

1. 남자가 쇼핑을 가서 사려던 것이 약은 아니었다.
2. 비행기가 충돌할 당시 남자는 의식이 있었다.
3. 남자는 고의로 교관의 말을 무시하지는 않았다.
4. 남자에게는 신체적 장애가 있었다.

답: 182쪽

문제 052 끓일수록 식는 물

중앙난방장치나 보일러가 없던 시절, 하녀가 욕조에 있는 미지근한 물을 따뜻하게 데우려고 커다란 냄비에 물을 채워서 난로에 올려놓고 물을 끓였다. 그런데 이를 본 집사가 하녀에게 호통을 치며 "물을 오래 끓일수록 욕조에 받은 물이 차가워진다는 것도 모르나?"라고 말했다.

사실 집사의 말이 맞다. 왜 그럴까?

| 단서 |

1. 하녀는 끓인 물을 전부 욕조에 부으려고 했다.
2. 실내 온도는 일정했다.
3. 난로나 물, 욕조, 주방에는 특이한 점이 없었다.
4. 난로 위에 올려놓은 물은 끓어서 김이 오르고 있었다.

답: 182쪽

★☆☆☆

053 엘리베이터를 타지 않는 이유

가족과 함께 휴가를 보내기 위해 휴양지를 찾은 빌은 호텔 24층
에 투숙했다. 그는 아침 8시가 되면 엘리베이터를 타고 1층 로
비로 내려와서 아침을 먹은 다음, 다시 엘리베이터를 타고 24층
으로 올라갔다. 하지만 저녁 8시에는 엘리베이터를 타고 로비로
내려와서 저녁을 먹고 24층까지 걸어서 올라갔다.

왜 그랬을까?

| 단서 |

1. 빌은 혼자서도 엘리베이터를 탈 수 있는 사람이며, 신체적 장
   애는 없다.
2. 빌은 저녁때가 아닌 다른 시간에는 엘리베이터를 이용한다.
3. 다른 투숙객들은 저녁 시간에도 엘리베이터를 이용한다.
4. 빌은 저녁 8시에 가족과 함께 로비에 내려왔다.
5. 매일 밤 계단을 걸어서 올라가면 특별히 좋은 점이 있다.

답: 182쪽

문제 054 끔찍한 요리

두 남자가 식당에서 같은 요리를 주문했다. 주문한 음식을 한 입씩 베어 문 순간, 한 남자가 벌떡 일어나더니 식당 밖으로 뛰쳐나가 스스로 총을 쏴 자살했다.

왜 그랬을까?

| 단서 |

1. 음식에 독이 들어 있거나 역겨운 맛이 나지는 않았다.

2. 남자는 음식 맛 때문에 자살했다.

3. 남자는 그 음식을 처음 먹어보았지만, 음식을 맛본 뒤 뭔가를 알아채고 자살했다.

4. 남자가 식당에서 먹은 음식은 새의 고기였다.

5. 남자는 식당에서 먹은 음식의 맛이 역겹게 느껴질 만한 경험을 한 적이 있다.

답: 183쪽

★ ★ ★ ☆

문제 055 버린 물건을 되찾는 방법

어떤 물건을 버린 남자가 다른 사람에게 2달러를 주면서 찾아 달라고 부탁했다. 돈을 받은 사람은 물건을 찾지 못했다. 하지만 얼마 후 남자는 어렵지 않게 자기 손으로 직접 물건을 찾을 수 있었다.

　어떻게 된 일일까?

| 단서 |

1. 남자는 값비싼 물건을 자기 손으로 일부러 버렸다.
2. 남자는 물건을 되찾고 기뻐했다.
3. 남자가 물건을 버린 것은 어떤 위험을 피하기 위해서였다.

답: 183쪽

문제 056 습관이 부른 화

시계처럼 정확하고 규칙적인 생활습관을 가진 청각장애인이 있었다. 그는 매일 아침 7시 35분에 눈을 떠서 7시 45분부터 30분간 산책을 했다. 산책 도중에 기찻길을 지나기도 하지만 아침 9시까지는 기차가 운행하지 않기 때문에 위험할 일이 없었다. 그러던 어느 날, 남자는 습관대로 정확한 시간에 산책을 나갔다가 기차에 치여 죽고 말았다. 어떻게 된 일일까?

| 단서 |

1. 기차는 평범하고 일반적인 기차였다.
2. 기차는 예정된 운행시각에 맞추어 정확히 지나갔다.
3. 청각장애가 없었더라면 남자는 기차의 경적 소리를 듣고 피했을 것이다.
4. 남자가 가진 시계는 모두 정확했다.
5. 사고가 일어난 날에 특별한 일이 있었다.

답: 183쪽

문제
057 **이상한 여행 일정**

한 남자가 토요일 비행기를 타고 로스앤젤레스로 갔다. 남자는 비버리힐스 호텔에서 사흘 밤을, 산타모니카 힐튼 호텔에서 하룻밤을 묵고 다시 토요일 비행기로 돌아왔다. 남자는 그동안 다른 숙소에서 머문 적도 없고 로스앤젤레스를 떠난 적도 없다. 그런데 어떻게 토요일 비행기를 타고 가서 나흘 밤만 자고 다시 토요일 비행기로 돌아왔을까?

│ 단서 │

1. 시간대가 달라졌거나 달력이 바뀐 것은 아니다.

2. 남자가 로스앤젤레스에서 보낸 기간은 정확하게 4박 5일이다.

3. 남자는 일반적인 정기 항공편이 아닌, 전용기를 이용했다.

답: 184쪽

문제 058 유령 기차

동서 방향으로 선로가 하나밖에 나 있지 않은 터널이 있다. 어느 날 오후 두 대의 기차가 한 대는 동쪽으로, 또 한 대는 서쪽으로 달리며 터널을 향해 같은 속도로 달려왔다. 그런데 이상하게도 두 기차는 속도를 줄이거나 멈추지 않았으며, 서로 충돌하지도 않았다. 어떻게 된 일일까?

| 단서 |

1. 두 기차는 각각 반대 방향에서 달려와 터널을 통과했다.
2. 두 기차 모두 반대 방향을 향해 하나의 선로 위를 달렸다.
3. 두 기차 모두 일반적인 크기의 기차였다.
4. 두 기차는 터널 안에서 서로 마주치지 않았다.

답: 184쪽

문제 059

유니폼을 입은 두 사나이

★★★★

유니폼을 입은 남자 둘을 태운 차량이 어느 시골길에서 잠시 멈춰 섰다. 그런데 곧 그중 한 남자가 죽었고, 그러자 다른 한 남자가 몹시 당황하며 화를 냈다.

왜 그랬을까?

| 단서 |

1. 두 남자는 서로 다른 유니폼을 입고 있었다.

2. 화를 낸 남자가 상대방을 죽였다.

3. 사람을 착각해서 일어난 사고는 아니었다.

4. 상대방을 죽인 남자는 도망칠 수 없었다.

답: 184쪽

문제 060 병 속에 든 과일

빈 유리병 안에 범선이나 군함의 모형을 집어넣은 보틀쉽(bottle ship)이라는 장식품이 있다. 보틀쉽처럼 과일 전체를 뭉개거나 자르지 않은 채 병 속에 넣는 방법은 없을까?

| 단서 |

도구를 전혀 쓰지 않고 병 속에 과일을 집어넣는 것이 가능하다. 실제로 유리병 속에 다 자란 배(梨) 하나를 통째로 집어넣은 것도 있다. 병의 입구는 배보다 작으며 병 모양이 배 모양으로 생기지도 않았다.

답: 184쪽

문제 061 그린란드의 유래

그린란드는 눈과 얼음으로 뒤덮인 섬이다. 그런데 왜 이곳을 '초록의 섬'이란 뜻의 그린란드(Greenland)라고 이름 붙였을까?

| 단서 |

1. 그린란드를 처음 발견했을 때에도 녹지가 아니었다.
2. 그린란드를 발견한 사람은 장차 그곳이 녹지가 될 거라고는 생각하지 않았다.
3. 사람이나 장소의 이름을 딴 명칭은 아니다.
4. 그린란드라는 이름은 그곳의 특성과는 관련이 없다.

답: 184쪽

문제 062 쓰러진 표지판

한 남자가 처음 와보는 시골길을 걸어가다가 삼거리에 표지판이 쓰러져 있는 것을 보고 고민에 빠졌다. 하지만 결국 표지판을 원래대로 세워 방향을 알아낼 수 있었다.

남자는 어떻게 길을 찾았을까?

| 단서 |

1. 태양이나 별의 위치, 바람의 방향 등은 이용하지 않았다.
2. 남자는 자신이 알고 있는 지식을 이용해서 표지판을 원래대로 세웠다.
3. 특별한 기술이나 지식이 없는 사람도 표지판을 원래대로 세울 수 있다.

답: 184쪽

문제 063 사망 원인

벌판에서 한 남자의 사체와 권총 한 자루가 발견되었다. 권총에는 한 번 발사된 흔적이 남아 있었고 남자는 그로 인해 사망했지만, 사체 어디에도 총을 맞은 흔적은 없었다.

남자는 어떻게 죽었을까?

| 단서 |

1. 남자가 총을 쏜 대상이 직접적인 사망 원인은 아니다.
2. 다른 사람이나 동물과는 관계가 없다.
3. 남자는 죽기 직전에 자신이 죽게 되리라는 사실을 알았다.
4. 남자는 총을 쏘기 전에는 자신이 죽을 것이라는 사실을 알지 못했다.

답: 185쪽

문제 064 이상한 사고

차를 몰고 드라이브를 나갔던 한 남자가 다음 날 차 안에서 죽은 채 발견되었다. 하지만 차는 멀쩡했고 충돌한 흔적도 없었다.

남자는 어떻게 죽었을까?

| 단서 |

1. 남자는 사고로 죽었으며, 살인이나 자살은 아니다.
2. 남자는 죽기 직전에야 자신이 위험에 처했음을 알았다.
3. 남자의 자동차는 남자가 죽기 직전에도, 죽는 순간에도, 죽고 나서도 세워져 있었다.
4. 남자의 몸에는 아무 외상도 없었다.
5. 남자의 죽음은 그가 차를 세워둔 장소와 관련이 있다.

답: 185쪽

문제 065 가구가 부족해

한 남자가 일하는 도중에 가구가 없어서 목숨을 잃었다.
어떻게 된 일일까?

| 단서 |

1. 남자는 사고로 죽었으나, 추락사는 아니다.

2. 남자에게 필요했던 가구는 흔히 보는 평범한 가구이다.

3. 남자의 직업은 특이하고 위험한 일이다.

답: 185쪽

문제 066 충격적인 장면

한 남자가 잠에서 깨자마자 성냥불을 켰다. 그는 눈앞의 장면을
보고 놀란 나머지 실신해서 죽고 말았다.

　어떻게 된 일일까?

| 단서 |

1. 남자가 본 것은 사람이었으며, 그 사람은 죽어 있었다.

2. 남자가 본 사람은 예상 밖의 인물이었다.

3. 남자는 자신이 곧 죽으리라는 것을 알았다.

4. 남자는 감옥에 갇혀 있던 죄수였다.

답: 185쪽

충격적인 장면 Ⅱ ★★★★

다락방에 있는 트렁크를 뒤지던 남자가 무언가를 발견하고는
놀란 나머지 그 자리에서 기절해 죽고 말았다.
　남자가 발견한 것은 무엇일까?

| 단서 |

1. 남자는 자신에게 위협이 될 만한 물건을 보았다.
2. 남자가 본 것은 유리로 만든 눈(의안)이었다.
3. 남자는 의안을 보고 머지않아 자신이 죽으리라는 것을 알았다.
4. 남자는 얼마 전 결혼한 사람이었다.

답: 186쪽

문제 068 이상한 통

한 남자가 빈 통을 채웠더니 처음보다 통이 더 가벼워졌다.
무엇으로 빈 통을 채웠을까?

| 단서 |

1. 남자가 통을 채우기 전에는 통이 비어 있었다.

2. 공기보다 가벼운 기체나 가스로 통을 채우지는 않았다.

3. 남자는 통을 진공 상태로 만들지 않았다.

4. 남자는 누구나 손쉽게 할 수 있는 방법으로 통을 채웠다.

답: 186쪽

★ ★ ☆ ☆

우승자는 누구일까

알프와 버트, 크리스는 1년 동안 매주 토요일에 모여서 골프를 쳤다. 셋은 절친한 친구 사이이지만 승부에 있어서만큼은 철저하게 승패를 가렸다. 세 친구는 서로 핸디캡이 같았기 때문에 타수가 가장 적게 나온 사람이 우승자가 되고, 타수가 가장 많이 나온 사람이 꼴지가 되었다.

그런데 연말이 되어 1년 동안의 경기 결과를 종합해 최종 우승자를 뽑으려다가 논쟁이 벌어졌다. 알프는 버트보다 앞섰다고 말하고, 버트는 크리스보다 앞섰다고 말하고, 크리스는 또 알프보다 앞섰다고 말하는 것이다. 어떻게 이런 일이 가능할까?

| 단서 |

1. 아직 끝나지 않은 경기는 없었으며, 경기 방식에도 특이한 점은 없었다.

2. 골프가 아닌 다른 운동 경기라도 1, 2, 3위를 매기는 것이라면 똑같은 문제가 생겼을 것이다.

3. 점수 계산에 잘못된 점은 없었다.

4. 세 친구가 이긴 횟수가 서로 똑같았다.

답: 186쪽

문제 070 조작된 지문

남편이 아내를 흉기로 찔러 살해한 사건이 일어났다. 사건 전후로 아내와 줄곧 함께 있었던 남편이 가장 유력한 용의자로 지목될 것이 뻔했다. 그는 자신에게 쏟아질 의심을 피하기 위해 증거를 조작하기로 결심하고 흉기에 가짜 지문을 남겨놓았다.

그가 남긴 것은 어떤 지문이었을까?

| 단서 |

1. 남자는 아내의 손가락 지문을 이용하지는 않았다.
2. 남자는 지문을 조작하기 위해 사전에 가짜 지문을 모아놓지 않았다.
3. 특별한 기술이나 과학 지식이 없어도 쉽게 할 수 있는 방법이다.
4. 남자가 흉기에 남긴 것은 제대로 된 지문이 아니었지만, 경찰은 가짜 지문에 속고 말았다.

답: 186쪽

문제 071 치과에 간 죄

한 남자가 치통이 생겨서 치과에 갔다가 충치 두 개를 뽑기로 했다. 의사는 남자에게 적절한 치료를 했고 치료를 받은 남자는 통증이 사라져서 기분이 좋았다. 그런데 얼마 후 남자는 법정에 서게 되었고, 이를 뽑는 바람에 피해를 입은 제3자에게 손해를 배상하라는 판결을 받았다.

어째서 이런 일이 생겼을까? 참고로, 남자의 이를 치료한 의사는 이 재판과는 상관이 없으며 아무런 잘못도 없다.

| 단서 |

이것은 19세기 말 스웨덴에서 실제로 있었던 일이다. 이 남자는 몹시 가난한 사람이었으나 재판이 열릴 즈음에는 부유해졌다. 남자는 육체적으로나 정신적으로 아무 문제가 없었으며 범죄를 저지른 적도 없었다. 치통 때문에 뽑은 이는 특별할 것 없는 평범한 치아였다. 그런데도 판사는 '남자의 발치가 제3자에게 불이익을 주었다'라고 판단했다.

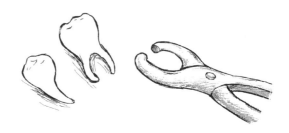

답: 186쪽

가득 채워주세요

★ ☆ ☆ ☆

도심지의 공기 오염도를 측정하는 실험을 하기 위해 한 여학생이 뚜껑 달린 병을 들고 도시 한복판으로 나왔다. 여학생이 다니는 학교 근처는 공기가 비교적 깨끗했기 때문에 병에 들어 있던 공기를 완전히 제거해야만 제대로 공기를 담아 갈 수 있었다.

여학생은 도심지의 공기를 병에 채우기 위해 어떤 방법을 썼을까?

| 단서 |

1. 병뚜껑을 열고 흔든다고 해도 원래의 공기가 다 빠져나갔는지는 확인할 수 없다.
2. 특별한 도구 없이 아주 간단하게 공기를 제거할 수 있는 방법이 있다.

답: 187쪽

★★☆☆
저작권 보호

사전이나 지도의 경우에는 불법 복제판을 가려내기가 까다롭다. 사전에 등재된 단어나 대륙의 모양 자체에는 저작권이 적용되지 않기 때문이다. 다른 사전이나 지도가 저작권을 위반한 불법 복제물임을 증명할 방법이 없을까?

| 단서 |

사전이나 지도의 세부 항목에 대한 설명이나 특정 표현에 대해서는 저작권을 주장할 수 있다.

답: 187쪽

문제 074 너트를 돌려줘!

어떤 남자가 타이어를 바꾸려고 빼놓은 너트 네 개를 하수구 구멍으로 떨어뜨렸다. 그런데 당황해서 어쩔 줄 모르는 남자에게 한 소년이 다가오더니 타이어를 끼울 방법을 알려주었다.

　과연 어떤 방법이었을까?

| 단서 |

1. 잃어버린 너트를 다시 찾는 방법은 아니다.
2. 소년은 타이어를 끼울 수 있는 도구를 따로 준비하지 않았다.
3. 이것은 매우 쉽게 할 수 있는 상식적인 방법이다.

답: 187쪽

경비견을 따돌리는 방법

마을의 과수원 주인이 자신의 과수원에는 사나운 개가 있어서 아무도 들어갈 수 없다고 으스댔다. 하지만 영리한 꼬마는 경비견을 따돌리고 무사히 과수원에 들어갔다.

꼬마는 어떤 방법을 썼을까?

| 단서 |

1. 경비견은 자리를 뜨지 않고 과수원을 지키고 있었다.
2. 경비견에게 약을 먹이거나 덫을 놓지는 않았다.
3. 먹을 것으로 경비견을 유인하지는 않았다.
4. 꼬마는 무언가를 이용해 경비견을 따돌렸다.

답: 187쪽

문제 076 희귀한 책

한 남자가 무려 4천 달러나 나가는 값비싼 희귀본을 태워버렸다. 왜 그랬을까?

| 단서 |

1. 책 속에 남자와 그 가족을 위협할 만한 내용이 실려 있지는 않았다.
2. 남자는 보험금을 노리고 책을 없애지는 않았다.
3. 사기나 협박, 강도 사건과는 관련이 없다.
4. 남자가 책을 불태운 것은 합법적인 행위였다.
5. 남자는 개인적인 이익을 위해 책을 없앴다.

답: 188쪽

호숫물의 양

깊이가 일정하지 않고 모양도 불규칙한 호수가 있다. 이 호수로 흘러 들어오거나 흘러 나가는 물줄기는 없다.

어떻게 하면 호숫물의 양을 잴 수 있을까?

| 단서 |

1. 호수의 깊이나 수온을 재더라도 호숫물의 양을 알 수는 없다.
2. 호숫물의 일부를 채취해 전체 호숫물의 양을 알 수 있는 방법이 있다.
3. 이것은 실현 가능하고 현실적인 방법이다.

답: 188쪽

문제 078 성가신 전화

화이트 부인은 남편이 텔레비전을 보는 동안 뜨개질에 푹 빠져 있었다. 그러던 중 갑자기 전화벨이 울렸다. 텔레비전을 보던 남편이 전화를 받아보니 잘못 걸린 전화였고, 남편은 성가신 전화를 받았다고 툴툴댔다. 하지만 더 화가 난 사람은 화이트 부인이었다.

왜 그랬을까?

| 단서 |

1. 화이트 부인은 전화를 건 사람이나 그 사람이 한 말 때문에 화가 나지는 않았다.
2. 전화를 건 사람은 부부가 모르는 사람이었다.
3. 화이트 부인은 남편이 한 말 때문에 화가 났다.
4. 화이트 부인이 뜨개질을 하고 있지 않았다면 화를 내지 않았을 것이다.

답: 188쪽

문제 079 어떤 보험

평생 꼭 한 번 이루고 싶은 소원이 있는 남자가 그 소원이 이루어질 경우를 대비해서 보험을 들었다.

왜일까?

| 단서 |

1. 많은 사람들이 남자와 똑같은 꿈을 갖고 있다.
2. 남자 또는 주변 사람들이 다치거나 죽을 수도 있는 위험한 소원은 아니다.
3. 소원을 이루려면 돈이 꽤 들며, 운과 기술도 필요하다.
4. 어떤 운동 경기와 관련이 있는 소원이다.

답: 188쪽

문제 080 텔레파시

한 남자가 계단을 걸어 내려가다가 말고 아내가 죽었음을 알아챘다.

남자는 그 사실을 어떻게 알았을까?

| 단서 |

1. 남자가 계단을 내려갈 때 아내가 죽었다.

2. 아내는 사고로 죽었다. 하지만 화재나 폭발 사고같이 큰 사고는 아니다.

3. 남자와 아내는 같은 건물의 다른 층에 있었기 때문에 서로의 모습이 보이거나 목소리가 들리지는 않았다.

4. 남자는 아내가 죽었음을 알 수 있는 무언가를 보았다.

답: 188쪽

문제 081 카우보이의 운명

미국의 서부 개척시대를 살았던 카우보이들은 많은 위험에 노출되어 있었다. 갑자기 몰려오는 소 떼들, 방울뱀의 공격, 인디언의 습격, 질병, 총격전 등 곳곳에 위험이 도사리고 있었다. 그러나 이보다 더 흔히 일어나는 사고는 따로 있었다. 카우보이들이 일상생활에서 늘 접하는 일이지만 가장 치명적인 사망 원인이 된 이것은 무엇일까?

| 단서 |

1. 이것은 동물 때문에 일어나는 사고이다.
2. 동물의 공격과는 관계가 없다.

답: 189쪽

**문제
082** **왼손잡이가 좋아**

프로 골프선수들 중에 왼손으로 골프를 치는 사람은 거의 없다. 하지만 골프를 배우는 사람들은 왼손잡이 강사를 더 좋아한다고 한다.

그 이유는 무엇일까?

| 단서 |

1. 왼손잡이용 골프용품이나 골프를 치는 방법과는 관련이 없다.
2. 왼손잡이 골프 강사가 오른손잡이보다 더 나은 점이 한 가지 있다.

답: 189쪽

한 남자가 벌판 한가운데에 죽어 있다. 그 바로 옆에는 기다란 줄이 하나 놓여 있다.

남자는 어떻게 죽었을까?

| 단서 |

1. 남자는 줄에 목을 맨 채 죽지는 않았다.

2. 사망 원인은 사고사였으며, 매우 끔찍하게 목숨을 잃었다.

3. 다른 사람이나 동물은 사건과 관계가 없다.

4. 옆에 놓인 줄은 특수 제작된 것이며, 그 줄은 끊어져 있었다.

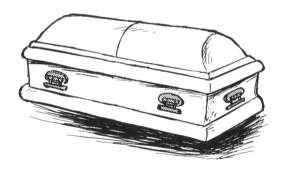

답: 189쪽

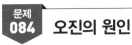

오진의 원인 ★★★★

20세기 초에는 건강에 아무런 문제가 없는데도 오진으로 인해
불필요한 수술을 받은 사람들이 많았다.

왜일까?

│ 단서 │

1. 수술을 받은 사람들의 성별이나 인종은 모두 달랐다.

2. 이것은 새로운 의료 기술을 적용하는 과정에서 생긴 오진이
   었다.

3. 이것은 오늘날에도 널리 쓰이는 의료 기술이다.

답: 189쪽

문제
085　**새알의 신비**

새알은 완전한 구형이나 타원형이 아니라 한쪽 끝이 더 갸름한 비대칭 형태이다. 그런데 새알의 한쪽 끝이 더 갸름한 데에는 조류학자도 고개를 끄덕일 만한 이유가 있다고 한다.

그 이유는 무엇일까?

| 단서 |

새알의 한쪽 끝이 더 갸름한 데에는 생존과 관련된 비밀이 숨어 있다. 이것은 어미 새가 알을 낳는 과정에서 결정되는 것이 아니라, 그렇게 생겨야 하는 물리적인 이유가 있기 때문이다.

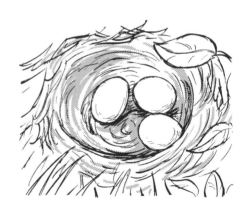

답: 190쪽

★★★★

086 달걀껍질에 그린 자화상

한 남자가 달걀껍질 위에 자화상을 그렸다.
왜 그랬을까?

| 단서 |

1. 남자의 직업은 화가가 아니다.
2. 남자에게는 달걀껍질 위에 그림을 그려야 하는 직업상의 이유가 있었다.
3. 남자의 자화상은 실물과 똑같았다.
4. 남자는 자신이 일할 때의 모습을 그대로 그렸다.

답: 190쪽

문제 087 마시고 죽자?

한밤중에 도로변을 걸어가던 남자가 눈앞에 보이는 건물에 '마시고 죽자'(Drink and Die)라는 험악한 말이 씌어 있는 것을 보고 깜짝 놀랐다.

왜 이런 말이 적혀 있었을까?

| 단서 |

1. 이것은 레스토랑의 간판에 씌어 있는 글이었다.
2. 간판에 적힌 말에 나쁜 의도는 없었다.
3. 간판 일부에 망가진 부분이 있었다.

답: 190쪽

문제 088 | 아내의 흡연

남편이 집에 와보니 아내가 담배를 피우고 있었다. 아내의 모습을 말없이 바라보던 남편은 조용히 청소도구함으로 다가가 문을 확 열어젖힌 다음, 그 안에 숨어 있던 남자를 끌어내 한 방에 쓰러뜨렸다. 그제야 아내를 향해 고개를 돌린 남편은 빙그레 웃으며 아내를 끌어안았다.

과연 어떻게 된 일일까?

| 단서 |

1. 남편은 자기 자신과 아내를 보호하려 했다.
2. 청소도구함 속에 숨어 있던 남자가 부부를 위협하려고 했다.
3. 아내는 원래 흡연자가 아니다.

답: 190쪽

문제
089

안녕하셨어요, 할머니!

★ ☆ ☆ ☆

손녀가 근무하는 사무실에 갑자기 손녀의 할머니가 찾아왔다.
그런데 손녀는 반가워하기는커녕 몹시 당황하고 말았다.
  왜 그랬을까?

| 단서 |

1. 할머니는 손녀가 민망해할 언행을 하거나 이상한 복장을 하
  고 나타나지 않았다.
2. 할머니의 등장으로 손녀의 어떤 속임수가 탄로났다.

답: 190쪽

★★☆☆

문제 090 친필 서명

한 남자가 우편으로 받은 책을 펼치다가 저자의 친필 서명을 발견했다. 그런데 남자는 기뻐하기는커녕 몹시 당혹스러워했다.

왜 그랬을까?

| 단서 |

1. 남자는 이 책의 작가를 알고 있었다.

2. 남자가 당황한 이유는 책의 내용과는 관련이 없다.

3. 남자가 받은 책에는 저자가 쓴 헌사가 적혀 있었다.

답: 191쪽

엑스트라의 조건

★★★★

유명한 영화감독이 아일랜드에서 영화를 촬영한다는 소식이 전해지자 주민들이 너도나도 엑스트라에 지원하겠다고 나섰다. 그러나 감독이 찾는 엑스트라의 조건을 듣는 순간 주민들은 적잖이 실망했다.

감독이 원하는 조건은 무엇이었을까?

| 단서 |

이 영화의 제목은 스티브 스필버그 감독의 〈라이언 일병 구하기〉이다. 이 영화는 제2차 세계대전을 배경으로 한 작품이며, 스필버그 감독은 전투 장면에 필요한 엑스트라를 모집했다.

답: 191쪽

문제 092 갑부와 연극

한 갑부가 공연 제작자에게 거액을 제시하며 자신이 쓴 극본을 '연극의 밤' 행사에 올려달라고 부탁했다. 제작자는 그러마고 대답했지만, 갑부의 작품은 너무나 형편없었다. 고심하던 제작자는 결국 갑부의 부탁대로 그의 극본을 무대 위에 올렸다. 그런데 어찌된 일인지 이를 본 갑부는 불같이 화를 냈다.

어떻게 된 일일까?

| 단서 |

1. 연극의 연출과 연기가 형편없었기 때문은 아니다.
2. 제작자는 갑부와의 약속을 지켰지만, 갑부가 원하는 방식대로는 아니었다.
3. 갑부가 쓴 극본은 무대 위에 등장했다.

답: 191쪽

문제 093 한잔하러 가는 여행

술집에 가려고 해외여행을 떠나는 남자가 있다. 자기 나라에도 술집이 있는데 굳이 해외로 나가는 이유는 무엇일까?

| 단서 |

1. 남자는 여행을 위해서가 아니라 오로지 술집을 갈 목적으로 해외로 나갔다.
2. 남자는 여행지에서 누군가를 만나 함께 술을 마시지 않았다.
3. 남자는 아무 술집에나 들어갔으며, 남자가 찾는 특별한 술집 은 없었다.
4. 남자가 외국의 술집을 찾은 것은 단지 술 때문만은 아니다.

답: 191쪽

문제 094 | 자크, 죽기로 결심하다

자살을 결심한 자크는 해안가의 벼랑 끝에 서서 바윗돌에 고정시킨 끈을 목에다 감고 독약을 마신 뒤, 입고 있던 옷에 불을 붙였다. 그리고 미리 장전해둔 권총의 방아쇠를 당기면서 벼랑 아래로 몸을 던졌다.

과연 자크의 사인은 무엇이었을까?

| 단서 |

1. 자크는 죽었다.
2. 자크는 자신이 쏜 총을 맞고 죽지는 않았다.
3. 자크가 죽은 것은 목에 매단 줄이나 독약 때문은 아니었다.
4. 자크의 사인은 화상 때문도 아니었다.

답: 192쪽

진짜 의미

★☆☆☆

영어 선생님이 칠판에 다음과 같은 문장을 썼다.

"Woman without her man is helpless." ('남자가 없는 여자는 무력하기 짝이 없다'라는 뜻)

이 말의 진짜 의미는 무엇일까?

| 단서 |

선생님은 구두법의 중요성을 설명하고 있었다.

답: 192쪽

**문제
096** **동전 세 개만 있었어도**

어떤 부부가 한날한시에 세상을 떠났다. 만약 남편에게 동전이
한 개 있었다면 아내를 살릴 수 있었으며, 동전이 두 개 있었다
면 그 자신이 죽음을 면했을 것이다. 물론 동전을 세 개 가지고
있었다면 남편과 아내 둘 다 살았을 테지만, 그 대신 그의 동생
이 죽었을 것이다.

　과연 어떻게 된 일일까?

| 단서 |

1. 남편은 동생이 자신과 아내를 죽이려 한다는 사실을 알아챘
   다.
2. 남편은 주유소에 차를 세웠다.
3. 남편에게는 지병이 있었다.

답: 192쪽

★★★☆

요령만 있다면

두 남자가 5.4미터 길이의 사다리를 든 채로 높이 2.4미터에 폭
이 1.8미터밖에 안 되는 호텔 복도에서 모퉁이를 돌아 나가려고
한다. 창문도 문도 없는 좁은 복도에서 접이식 사다리도 아닌 일
자 사다리를 들고서는 모퉁이를 지나갈 수 없을 것처럼 보였는
데, 두 남자는 사다리를 들고 무사히 모퉁이를 돌아갔다.

어떻게 지나갔을까?

| 단서 |

두 남자는 사다리를 들고도 별 어려움 없이 모퉁이를 돌아 나갔
다. 수학적으로 생각할 필요는 전혀 없다. 사다리에 대한 가설을
세우고 추론해보라.

답: 193쪽

문제 098 이방인의 방문

어떤 집에 낯선 사람이 들어왔다. 난생처음 보는 사람이 말 한마디 없이 일주일간 머물다가 떠나자 온 가족이 슬픔에 잠겼다.

왜 그랬을까?

| 단서 |

1. 그 낯선 사람은 남자였다.
2. 가족들은 그를 기다리고 있었다.
3. 그는 가족들에게 특별한 도움을 주지 않았다.
4. 그는 한마디도 말하지 않았지만, 소리는 냈다.

답: 193쪽

문제 099 죽음의 케이크

어떤 여자가 케이크 한 조각을 맨손으로 집어 먹고 손을 씻지 않는 바람에 몇 시간 후 목숨을 잃었다.

어떻게 된 일일까?

| 단서 |

1. 케이크와 케이크 접시, 여자의 손에는 독이나 비위생적인 물질이 묻어 있지 않았다.
2. 여자가 먹은 것은 달콤한 케이크였다.
3. 케이크를 먹고 난 뒤에도 여자의 손에는 설탕기가 남아 있었다.
4. 여자에게는 지병이 있었다.

답: 193쪽

문제 100 전쟁을 일으킨 화가

오스트리아 출신의 추상적 표현주의 화가인 오스카 코코슈카 (Oskar Kokoschka, 1886~1980)는 나치를 피해 1938년에 영국으로 건너갔다. 그는 화가였을 뿐 정치와는 아무런 상관이 없었는데도, 자신이 유럽의 위기와 제2차 세계대전을 불러왔다고 생각했다.

그 이유가 무엇일까?

| 단서 |

1. 코코슈카는 제1차 세계대전 당시 독일군으로 참전했다가 귀환했다.
2. 코코슈카는 전쟁에 반대하는 사람이었다.
3. 코코슈카는 미술대학에 지원해서 합격했다.
4. 코코슈카는 히틀러를 만난 적이 한 번도 없었다.

답: 193쪽

문제 101 맥주 때문에

헬멧을 쓴 남자 두 명이 차가운 맥주를 들이켠 뒤 목숨을 잃었다. 하지만 이들이 맥주를 미지근하게만 마셨어도 죽음을 면했을 것이다.

어떻게 된 일일까?

| 단서 |

1. 두 남자는 맥주를 취하도록 마시지 않았다.
2. 두 남자는 술에 취해 운전을 하다가 교통사고를 일으키지도 않았다.
3. 두 남자는 급하게 맥주를 마시다가 호흡곤란을 일으키지 않았다.
4. 맥주를 차게 해서 마신 것이 죽음의 원인이었다.

답: 193쪽

교통법규 위반

20년을 한결같은 방법으로 출근하던 한 남자가 어느 날 아침 평소와 다름없이 출근하던 길에 교통법규 위반으로 경찰에게 잡히고 말았다.

　왜 그랬을까?

| 단서 |

1. 남자는 순수 자가용을 운전해 출근하는 사람이었다.
2. 신호등에는 바뀐 점이 없었지만, 그보다 더 본질적인 법규가 바뀌었다.
3. 정부에서는 법규가 바뀐다는 사실을 수차례 홍보했건만, 남자는 그 사실을 까맣게 잊고 있었다.

답: 194쪽

문제 103 부딪치면 안 돼

줄리와 조지가 서로 부딪치는 바람에 둘 다 목숨을 잃고 말았다. 이들에게 무슨 일이 있었을까?

| 단서 |

1. 두 사람은 운전 중이 아니었다.

2. 둘은 서로 만난 적이 없을뿐더러 부딪치는 순간에도 아무 말 도 하지 않았다.

3. 두 사람이 부딪친 바로 직후에는 둘 다 큰 부상을 입지 않았다.

4. 두 사람이 죽게 된 것은 둘이 서로 부딪치고 얼마 뒤의 일이다.

답: 194쪽

문제 104 ★★☆☆

영리한 형사

범인에 대한 실마리를 찾지 못하던 사건 현장에서 형사가 부하에게 이렇게 말했다. "용의자 명단에서 이름 이니셜이 S.A인 사람을 찾아봐."

형사는 범인의 이니셜을 어떻게 알았을까?

| 단서 |

1. 형사는 강도 사건을 조사하고 있었다.
2. 사건은 미국의 국경 지역에서 발생했다.
3. 형사는 무언가가 사라져 있음을 발견했다.

답: 194쪽

문제 105 공장의 도둑

공장에서 제일 값비싼 구리 자재가 감쪽같이 사라졌다. 공장장이 경비원들을 불러 책임을 물었지만, 경비원들은 공장의 철통같은 보안장치를 피해 자재를 가져갈 수 있는 사람은 아무도 없다며 있을 수 없는 일이라고 한다.

어떻게 된 일일까?

| 단서 |

1. 공장에는 보안을 위한 경보기와 조명등이 완벽하게 설치되어 있었다.
2. 공장에는 외부인의 침입을 막기 위한 경비견까지 있었다.
3. 없어진 자재는 공 모양으로 감아놓은 구리선이었다.
4. 자재를 가져간 것은 범죄자의 소행이 아니었다.

답: 195쪽

**문제
106** **안내방송**

운행 중이던 기차에서 차장이 안내방송을 내보냈다. 그러자 일부 승객들은 몹시 화를 냈고, 다른 승객들은 웃음을 참지 못했다. 왜 그랬을까?

| 단서 |

1. 차장은 안내방송을 모두 두 번 내보냈다.
2. 첫 번째 안내방송은 일종의 주의 사항이었다.
3. 첫 번째 안내방송을 듣고 기차에서 내린 승객들이 있었다.
4. 두 번째 안내방송을 듣고 웃음을 터뜨린 승객들은 양심적인 사람들이었다.

답: 195쪽

문제 107 믿을 수 없는 보안장치

기존 제품보다 업그레이드된 신형 보안장치가 출시되어 많은 관심을 받았다. 그런데 얼마 지나지 않아 이전 제품만도 못한 제품이 되고 말았다.

왜 그랬을까?

| 단서 |

도둑의 침입을 막기 위해 신형 보안장치가 개발되었지만, 결과적으로는 도둑이 더 쉽게 들어올 수 있는 환경을 만들어주었다. 신형 보안장치는 기존 제품보다 밝기가 강해서 어두운 곳을 보다 환하게 밝혀주었다. 알다시피 밝은 불빛은 또 다른 것을 만든다.

답: 195쪽

문제 108 보험금은 줄 수 없어

영화를 찍을 때마다 보험을 드는 스턴트맨이 있었다. 그런데 보험회사 측은 고층빌딩에서 뛰어내리는 장면을 촬영하다가 정말로 영구장애를 입게 된 스턴트맨에게 보험금을 지급할 수 없다고 했다.

이유가 무엇일까?

| 단서 |

1. 스턴트맨은 보험회사를 속이거나 사기를 치지 않았다.
2. 스턴트맨이 당한 사고는 그가 가입한 보험에서 보장하는 내용이었지만, 보험회사 측은 규정상의 이유를 들어 보험금 지급을 거절했다.
3. 스턴트맨은 건물 높이를 미리 확실하게 재두었으며, 촬영에 필요한 사전 준비를 철저하게 했다.
4. 스턴트맨이 뛰어내린 건물에 무언가 달라진 점이 있었다.

답: 195쪽

죽음의 독서

★ ☆ ☆ ☆

한 여자가 책을 너무 많이 읽는 바람에 목숨을 잃고 말았다.
  어떻게 된 일일까?

| 단서 |

1. 여자가 읽은 것은 일반적인 책이나 잡지였다.

2. 여자가 죽은 이유는 그녀가 읽은 책의 내용과는 관련이 없다.

3. 여자의 죽음은 사고사는 아니었다.

4. 여자는 독살당했으며, 범인은 그녀의 남편이었다.

답: 196쪽

문제
110 척 보면 안다

육지에 서서 바다 저 멀리 떠 있는 고깃배에 고기가 실려 있는지 아닌지를 알아맞히는 여자가 있다.

　여자는 이를 어떻게 알아내는 걸까?

| 단서 |

1. 멀리서 보면 배가 얼마나 물에 잠겼는지 판별하기 어렵기 때문에, 이를 보고 짐작하지는 않았다.

2. 배가 움직이는 방향이나 여자가 서 있는 육지에서 일어나는 일과는 관련이 없다.

3. 배에 실린 어업용 장비를 보았거나, 배에 타고 있는 어부로부터 신호를 받지 않았다.

4. 어부들은 그물을 당겨 올린 후 잡은 고기들을 손질하며, 이때 작은 물고기나 찌꺼기는 갑판에 모아둔다.

답: 196쪽

★ ★ ★ ☆

미국인은 축제를 좋아해

3월 14일이 되면 미국에서는 해마다 축제가 열린다. 하지만 유럽에서는 이날 축제를 한 적이 한 번도 없고, 할 이유도 없다고 한다.

　이날은 어떤 날일까?

| 단서 |

1. 역사적인 인물이나 사건을 기념하기 위한 날은 아니다.
2. 미국의 정치나 역사와는 관련이 없다.
3. 이날을 기념하는 이유는 미국인들이 날짜를 기입하는 방식과 관련이 있다.
4. 이날을 기념하는 사람들은 수학자들이다.

답: 196쪽

문제 112 ★★☆☆

사라진 호수

숲속에 있던 한 남자가 근처의 작은 호수로 갔다. 그런데 호수는 사라지고 없었고, 남자는 자신이 곧 죽을 것임을 알았다.

그는 이 사실을 어떻게 알았을까?

| 단서 |

1. 남자는 자신이 위험에 처했다는 사실을 알았다.
2. 남자가 죽은 것은 다른 사람이나 동물 때문은 아니었다.
3. 호수가 없어진 것은 물이 증발되었기 때문이다.
4. 호수가 없어진 것은 날씨와는 관계가 없다.
5. 남자가 있던 곳에서 자연재해가 일어났다.

답: 196쪽

문제 113 기상 캐스터

어떤 기상 캐스터가 곧 방송에 내보낼 대서양 지도 한가운데에 작은 배를 그려놓았다.

왜 그랬을까?

| 단서 |

1. 기상 캐스터가 그린 그림은 일기예보의 내용과는 관련이 없다.
2. 기상 캐스터가 그린 그림이 그곳에 실제로 배가 있다는 뜻은 아니다.
3. 기상 캐스터는 배 그림을 그려서 어떤 신호를 보냈다.

답: 196쪽

문제 114 비행기에 놀란 남자

비행기 안으로 탑승하고 있던 한 남자 승객이 비행기 엔진이 작동하기 시작하자 몹시 당황하고 말았다.

왜 그랬을까?

| 단서 |

1. 남자가 가려던 목적지나 출발 시간에 잘못된 점은 없었다.
2. 비행기의 기체에는 아무 문제도 없었다.
3. 비행기 엔진이 작동하기 전에 탑승했다면 남자는 당황하지 않았을 것이다.

답: 197쪽

문제 115 추모 편지

한 남자의 죽음으로 인해 해마다 수백만 명의 사람들이 편지를 보낸다.

　왜일까?

| 단서 |

1. 죽은 남자는 사람들이 보내는 편지나 우체국과는 관련이 없다.

2. 사람들이 보내는 편지에 죽은 남자에 관한 내용은 없다.

3. 죽은 남자는 매우 훌륭한 사람이었지만, 생전에는 이처럼 유명하지 않았다.

답: 197쪽

문제 116 위험한 출근

포크와 그물을 들고 출근한 남자 때문에 다른 남자가 목숨을 잃었다.

어떻게 된 일일까?

| 단서 |

1. 포크를 들고 출근한 남자가 다른 남자를 죽였다.
2. 남자가 들고 간 포크는 실제 포크가 아니라 포크처럼 생긴 무기였다.
3. 두 남자는 서로 모르는 사이였다.
4. 사람을 죽인 남자는 주변에 수많은 증인들이 있었음에도 불구하고 체포되지 않았다.
5. 이 일은 매우 오래전에 일어난 일이다.

답: 197쪽

문제 117 돈을 자르는 이유

한 남자가 지폐를 절반으로 자르고 있다.
이유가 무엇일까?

| 단서 |

1. 지폐를 반으로 자른 것은 안전상의 이유 때문이다.
2. 반으로 잘린 지폐는 나중에 다시 붙여 쓸 생각이었다.

답: 197쪽

단어의 유래

어떤 기계가 고장을 일으키는 바람에 내부를 살펴봤더니, 그 안에서 족히 5센티미터는 되는 나방이 날아다니고 있었다. 이것을 발견한 남자가 나방을 내보내고 내부를 깨끗하게 닦아내자 기계가 다시 제대로 작동하기 시작했다.

이 일을 계기로 생겨난 말이 있으니, 그것은 무엇일까?

| 단서 |

1. 고장을 일으킨 것은 최첨단 기술이 집약된 기계였다.
2. 그 후 이 단어는 결함이나 오작동을 가리키는 말로 쓰이게 되었다.

답: 197쪽

문제 119 죽음의 친선경기

프랑스에서 두 나라 선수들이 만나 친선 축구경기를 벌였다. 그런데 어떻게 된 일인지 축구경기를 마치고 악수를 나누기가 무섭게 서로를 죽이기 위해 싸웠다.

어떻게 된 일일까?

| 단서 |

1. 경기에 참가한 선수들 중에 진짜 축구선수는 한 명도 없었다.
2. 경기에 참가한 선수들은 범죄자가 아니었다.
3. 그들은 서로에게 적이었다.

답: 197쪽

살아남기 위해

★★★★

한 남자가 살아남기 위해 신문을 부둥켜안고 있다.
어찌된 일일까?

│단서│

1. 신문을 들고 있는 남자는 위험에 처해 있다.
2. 신문이 타인의 공격이나 위험으로부터 자신을 지키는 직접적인 보호 수단이 되지는 못한다.
3. 남자는 당일 발행된 신문을 들고 있다.
4. 남자가 들고 있는 신문에는 남자를 살릴 수 있는 정보가 실려 있다.

답: 198쪽

문제 121 함정수사

경찰이 아무도 몰래 화장용 파우더가 담긴 비닐봉지를 여자의
외투 주머니에 찔러 넣었다.

왜 그랬을까?

| 단서 |

1. 파우더가 든 비닐봉지는 마약을 담은 봉지처럼 보였다.

2. 경찰은 여자를 함정에 빠트리거나 죄를 뒤집어씌울 의도는
   없었으며, 단지 진실을 알고자 했을 뿐이다.

3. 여자는 경찰이 지적하기 전까지는 자신의 외투 주머니에 파
   우더가 든 비닐봉지가 있다는 사실을 알지 못했다.

4. 이것은 모의훈련 상황이 아니다.

답: 198쪽

문제 122 기억 삽입 시술

한 남자가 건망증이 매우 심한 탓에 수술을 받았다.
과연 어떤 수술을 받았을까?

| 단서 |

1. 남자는 이식수술이나 뇌수술을 받지 않았다.
2. 남자는 물건을 둔 자리를 곧잘 잊어버린다.
3. 수술을 받은 뒤에도 남자의 건망증은 여전했다. 하지만 한 가지 걱정은 덜 수 있었다.

답: 198쪽

문제 123 고양이와 도자기

값비싼 명나라 시대의 도자기에 고양이 먹이를 담아주는 남자가 있다.

무슨 사연이 있는 걸까?

| 단서 |

1. 고양이 또는 고양이 먹이가 매우 비싸지는 않다.

2. 고양이에게 먹이를 주는 남자는 그것이 값비싼 도자기임을 알고 있었다.

3. 남자는 사람들이 비싼 도자기를 알아보기를 바랐지만, 정작 자신은 그것이 비싼 물건인 줄 모르는 척했다.

4. 남자는 값비싼 도자기에 고양이 먹이를 담아준 덕분에 금전적인 이익을 얻었다.

답: 198쪽

문제 124 　치명적인 진실

★☆☆☆

한 남자가 심문을 당하고 있다. 남자는 "진실을 말하면 목숨만은 살려주겠다"는 말을 믿고 진실을 말했지만, 상대방은 약속과 달리 남자를 총으로 쐈다.

왜 그랬을까?

| 단서 |

1. 남자를 심문했던 사람은 숨겨진 돈을 찾으려는 범죄자였으며, 둘 사이에는 언어적 문제가 있었다.

2. 남자는 돈이 있는 위치를 사실대로 정확하게 알려주었음에도 죽임을 당했다.

3. 남자와 범죄자는 모두 누군가의 속임수에 넘어갔다.

답: 199쪽

문제 125 집중해서 보세요

박물관장은 진귀한 보석을 전시하기에 앞서 한 시간 동안 보석을 감시할 보안요원을 고용했다. 전시된 보석은 분명한 진품이었으며, 성실한 보안요원은 단 한 번도 자리를 뜨지 않고 눈앞에 있는 보석을 지켜봤다. 그런데 전시가 끝나고 확인해봤더니 보석은 어느새 모조품으로 바뀌어 있었다.

어떻게 된 일일까?

│ 단서 │

1. 보안요원은 한 시간 동안 보석이 있는 방향만을 바라보고 있었다.
2. 도둑은 보안요원의 눈을 피해 보석을 바꿔치기했다.
3. 환영 또는 거울에 반사된 모습 등의 착시현상은 일어나지 않았다.
4. 도둑은 보안요원이 잠시 동안 눈을 감도록 만들었다.

답: 199쪽

문제
126 **말 못할 사연**

젊고 건장한 피에르는 오랫동안 가족과 친구들을 만나지 못했다. 그러던 어느 날 눈앞에 가족과 친구들이 나타났지만 피에르는 한마디 말도 하지 못했다.

왜 그랬을까?

| 단서 |

1. 피에르는 처벌을 받고 있는 중이었다.
2. 피에르는 가족과 친구들을 아주 잠깐 동안만 보았다.
3. 피에르는 수감되어 있던 죄수였다.
4. 이것은 아주 오래전 프랑스에서 일어난 일이다.

답: 200쪽

그럼 이만

★ ☆ ☆ ☆

황급히 길을 가던 여자가 실로 오랜만에 옛 친구와 마주쳤다. 그런데 웬일인지 여자는 친구와 악수를 나누기는커녕 손인사도 건네지 않았다.

왜 그랬을까?

| 단서 |

1. 평소 같았다면 옛 친구를 만나면 악수를 나눴겠지만, 이날은 그럴 수 없었다.
2. 여자에게는 급한 볼일이 있었다.
3. 여자는 병원에 급히 가던 중이었다.

답: 200쪽

문제 128 부활절 달걀

아버지에게 부활절 달걀을 받은 남매가 기뻐서 어쩔 줄 몰라 하면서도 달걀을 먹지 않았다.

　이유가 무엇일까?

| 단서 |

1. 남매는 둘 다 건강한 아이들이었다.
2. 아버지가 준 달걀에는 남다른 점이 있었다.
3. 이 가족은 일반 시민이 아니라 왕족이었다.

답: 200쪽

문제 129 죽음의 산책

어느 여름날, 산책을 나간 여자가 머리에 심한 부상을 입은 채 싸늘한 주검으로 발견되었다. 그러나 경찰은 어디에서도 흉기를 찾지 못했다.

여자는 어떻게 죽었을까?

| 단서 |

1. 여자는 살해당하지 않았으며, 갑작스런 사고로 사망했다.
2. 여자의 죽음에 악천후가 영향을 미쳤다.

답: 200쪽

문제 130 · 울타리를 치는 이유

예전에는 보안회사들이 고객의 안전을 위해 담장을 높이 쌓을 것을 권했지만, 지금은 담장 대신 울타리를 설치하도록 권유하고 있다. 둘 중에 어떤 것을 만들더라도 도둑이 타고 넘어오는 데에는 별 차이가 없다. 그런데도 보안회사에서 굳이 울타리를 권하는 이유는 무엇일까?

| 단서 |

1. 보안을 위해서는 담장보다 울타리가 효과적이기 때문이다.
2. 울타리를 설치한 뒤로 도둑을 잡기가 쉬워졌다.
3. 울타리에는 안을 들여다볼 수 있는 틈이 있다.

답: 200쪽

문제 131 높으신 분의 상표권

★★★☆

전 세계적으로 유명한 지도자가 이상한 무늬에 대한 상표권을 등록했다. 왜 그랬을까?

| 단서 |

1. 이 무늬는 그의 개인적인 부분과 관련이 있다.
2. 그는 자신의 이미지를 보호하기 위해 상표권을 등록했다.
3. 그는 러시아 사람이다.

답: 200쪽

문제
132 **아들을 구한 사진**

아들의 사진을 찍은 덕분에 자식의 목숨을 구한 어머니가 있다.
  어떻게 된 사연일까?

│ 단서 │

어머니는 아들의 얼굴을 사진으로 찍었으며, 그 덕분에 아들의
건강에 치명적인 문제가 있음을 알게 되었다. 어머니는 사진을
찍을 때 플래시를 사용했다.

답: 201쪽

문제 133 거짓 자수

한 남자가 총을 쏘지도 않았으면서 '사람을 쐈다'고 경찰에 신고했다.

왜 그랬을까?

| 단서 |

1. 남자는 실제로 총을 쏘지 않았다.
2. 남자는 경찰에게 거짓말한 것을 제외하면 어떤 범죄도 저지르지 않았다.
3. 남자가 거짓 자수를 한 것은 경찰에게 실망했기 때문이다.
4. 남자는 경찰이 범죄자를 체포해주기를 바랐다.

답: 201쪽

문제 134 **스웨터는 싫어**

아내가 떠준 스웨터를 남편이 다시 풀고 있다.
　이유가 무엇일까?

| 단서 |

1. 스웨터를 푼 덕분에 남자는 목숨을 건졌다.
2. 스웨터에 위험한 물질이 들어 있지는 않았다.
3. 남자는 스웨터를 다른 용도로 사용했다.

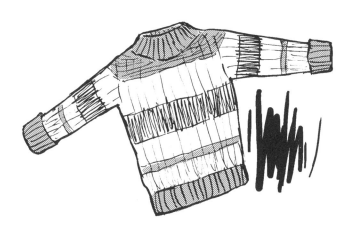

답: 201쪽

문제 135 출입금지

한 남자가 어떤 건물에 침입하기 위해 정문 열쇠까지 구해놓고도 끝내 건물의 문을 열지 못했다. 건물 앞에는 남자를 쳐다보는 사람이나 경비견도 없었으며, 건물 정문은 남자가 가진 열쇠로 열 수 있었다.

그런데도 건물 안으로 들어가지 못한 이유는 무엇일까?

│ 단서 │

1. 이 건물은 일반적인 건물은 아니다.
2. 이 건물의 정문은 열쇠로 열 수 있다.
3. 이 건물은 보안을 위해 특수한 구조로 되어 있다.

답: 202쪽

문제 136 그의 프로포즈

한 남자가 여자에게 청혼을 한 후 일주일 뒤 저녁식사 자리에서 대답을 듣기로 했다. 그로부터 일주일 뒤, 식사를 마친 여자가 먼저 말을 꺼냈다. "제 대답이 궁금하시죠?" 그러자 남자는 "이미 알고 있습니다."라고 답했다.

남자는 여자의 대답을 어떻게 알았을까?

| 단서 |

1. 남자는 여자의 복장이나 표정을 보고 대답을 짐작하지는 않았다.
2. 여자는 청혼을 거절할 생각이었으며, 남자는 이를 이미 예상하고 있었다.
3. 남자는 여자가 주문한 음식을 보고 여자의 대답을 예상했다.

답: 202쪽

문제 137 무사통과

《톰 소여의 모험》《허클베리 핀의 모험》으로 유명한 미국의 작가 마크 트웨인이 공항에서 세관을 통과할 때의 일이다. 세관원이 마크 트웨인의 가방을 열었더니 옷밖에 없다던 그의 말과는 달리 커다란 위스키 병이 잔뜩 들어 있었다. 면세 허용 범위를 넘었기 때문에 세금을 내야 하는데도 불구하고, 마크 트웨인의 이 한마디에 세관원은 씩 웃으며 그냥 보내주었다.

과연 그는 뭐라고 말했을까?

| 단서 |

마크 트웨인은 위스키 병을 가리켜 다른 말로 부르며 그 많은 술병에 대해 재치 있게 둘러댔다. 술병도 '옷의 한 종류'라고 주장한 것이다.

답: 202쪽

문제 138 박제 부엉이

작은 숲길을 걷다 보니 나뭇가지 위에 박제된 부엉이가 올라앉아 있었다.

박제 동물이 숲속에 있다니, 어떻게 된 일일까?

| 단서 |

1. 누군가가 일부러 박제 부엉이를 숲속에 가져다놓았다.
2. 숲속에 들어오는 사람들에게 사냥 금지 등의 메시지를 전달하거나, 다른 동물들을 위협할 목적은 아니었다.
3. 어느 가게 주인이 장사를 위해 박제 부엉이를 가져다놓았다.
4. 박제 부엉이에 광고 문구가 걸려 있지는 않았다.

답: 202쪽

문제 139 마법의 비행기

7,500미터 상공을 날고 있던 비행기가 일시에 모든 엔진을 정지시켰는데도 사고가 일어나지 않았다.

어떻게 된 일일까?

| 단서 |

1. 비행기에 있던 엔진은 남김없이 꺼져서 완전히 정지되어 있었다.

2. 비행기가 활주로에 착륙을 하지는 않았다.

3. 공기보다 가벼운 기체를 이용한 기구나 낙하산을 이용하지도 않았다.

4. 비행기는 엔진이 꺼진 뒤에도 다른 동력을 이용해서 비행을 계속했다.

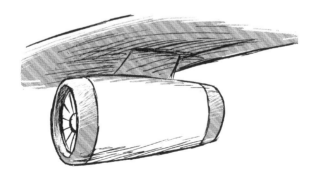

답: 202쪽

문제 140 불사조 남편

남편은 총구를 수없이 맞닥뜨렸어도 멀쩡했지만, 그의 아내는 똑같은 총구 앞에서 단 한 번의 발포로 목숨을 잃었다.

어떻게 된 일일까?

| 단서 |

1. 남편은 특별한 보호 장비를 착용하지 않았다.
2. 아내는 총알에 맞아 사망하지는 않았다.
3. 부부는 공연예술가였다.

답: 202쪽

적군을 살려두라 ★☆☆☆

전쟁터에 나간 남자가 적에게 총을 쏴서 심한 부상만을 입힐 뿐, 상대방을 죽이지는 않으려고 한다.

그 이유가 무엇일까?

│ 단서 │

1. 남자는 동정심이나 인정 때문에 적군을 살려준 것은 아니다.
2. 남자가 부상을 입힌 적들은 무장한 군인이었다.
3. 남자가 먼저 총을 쏘지 않았다면 그들이 남자를 쐈을 것이다.
4. 남자는 모든 적을 죽여서라도 전쟁에서 승리하는 것이 중요하다고 생각하는 사람이다.

답: 203쪽

문제 142 푹 쉬세요

한 대형 은행에서 전 직원에게 2주 동안 휴가를 주었다. 하지만 이번 휴가는 사원 복지와는 아무런 상관없이 내려진 명령이었다.
　무슨 까닭일까?

| 단서 |

1. 은행은 자사의 이익을 위해 사원들에게 휴가를 주었다.
2. 직원들이 휴가를 떠난 동안 회사의 자산이 증가했다.
3. 회사의 자산 증가는 직원들의 휴가비나 복리후생과는 관련이 없다.
4. 은행은 사기 행위에 대해 우려하고 있었다.

답: 203쪽

문제
143 **성직자의 특혜**

주교는 일곱 개, 일반 성직자는 다섯 개를 쓸 수 있지만, 일반인
은 하나밖에 쓰지 못한다.

이것은 무엇일까?

| 단서 |

1. 이것은 종교와 관련이 있다.

2. 이것은 직함이나 호칭, 의복, 종교적 의식과는 관련이 없다.

3. 이것은 살아 있는 동안에는 사용하지 않는다.

4. 이것은 오늘날에는 통용되지 않는다.

답: 203쪽

승자는 말이 없다

결승전에서 치열한 접전을 벌이던 남자가 패배했다. 화가 난 남자는 상대 선수에게 폭력을 휘둘렀고, 상대는 더 이상 경기를 치를 수 없는 상태가 되었다. 그런데 이를 지켜본 사람들 중 어느 누구도 경찰을 부르지 않았다.

　어떻게 된 일일까?

| 단서 |

1. 그는 상대방을 해칠 목적으로 폭력을 휘둘렀다.
2. 그와 상대 선수는 최종 우승을 두고 경합을 벌이고 있었다.
3. 그가 참가한 경기는 실내에서 하는 경기였다.

답: 204쪽

문제 145 훈련받은 강아지

제대로 훈련받은 강아지 때문에 아이들이 곤란한 상황에 빠졌다.
어떻게 된 일일까?

| 단서 |

1. 나쁜 짓을 하던 아이들이 강아지 때문에 들키고 말았다.

2. 아이들은 학교에 있었다.

3. 강아지는 특수한 훈련을 받았다.

4. 학교 선생님이나 아이들 중에 강아지 주인은 없었다.

답: 204쪽

죽음의 문턱에서

한 여자가 119에 전화를 걸어 구조를 요청하자 구조대원은 여자에게 "문은 열지 말고 반드시 창문을 여세요."라고 말했다. 여자도 처음에는 창문을 열려고 했지만 실패했다. 나중에는 문이라도 열어보려 했지만 결국 목숨을 잃고 말았다.

어떻게 된 일일까?

| 단서 |

1. 여자를 공격하는 사람은 아무도 없었다.
2. 여자가 있던 곳은 직장이나 집이 아니다.
3. 여자는 화재 위험에 처해 있지 않았다.
4. 창문도 문도 열리지 않은 것은 여자가 처한 상황과 관련이 있다.

답: 204쪽

문제 147 죽음의 경고

한 남자가 친구에게 위험을 알리다가 목숨을 잃었다.
어떻게 된 일일까?

| 단서 |

1. 남자의 경고 때문에 우려했던 상황이 현실로 나타났다.

2. 남자는 사고로 목숨을 잃었다.

3. 친구는 남자의 경고를 들었다.

4. 사건 현장에는 두 사람 외에는 아무도 없었다.

답: 204쪽

156

문제 148 황금 들판

한 농부가 들판에 금색 염료를 뿌리고 있다.
이유가 무엇일까?

| 단서 |

농사 때문에 금색 염료를 뿌린 것은 아니다. 농부에게 들판의 색을 바꿔달라고 부탁한 사람이 있었으며, 그는 미적 차원에서 색을 바꿔달라고 요청했다.

답: 204쪽

문제 149 과속방지턱

도로에 과속방지턱이 있으면 서행운전을 해야 한다. 이 여성도 평소에는 그렇게 운전했지만, 오늘은 웬일인지 속력을 더 높이며 지나갔다.

왜 그랬을까?

| 단서 |

1. 여자는 자기 소유의 차를 운전하고 있었다.
2. 여자는 차를 고의로 망가뜨릴 생각은 아니었다.
3. 여자는 위험한 상황에 처해 있지 않았다.
4. 여자는 무언가 깜박했던 사실을 기억해냈다.

답: 205쪽

추운 사막

★☆☆☆

지구상에서 가장 추운 사막은 어디이며, 그곳은 왜 사막이 됐을까?

| 단서 |

사막이란 강수량이 적거나 없는 지역을 뜻한다.

답: 205쪽

문제 151 어리석은 세일즈맨

한 세일즈맨이 일을 하다가 불의의 사고로 목숨을 잃고 말았다. 어떤 사고였을까?

| 단서 |

1. 그가 판매하는 상품과는 관련이 없다.

2. 그는 상품의 성능을 시험하고 있지 않았다.

3. 그는 고객을 만나러 약속 장소로 가던 중에 목숨을 잃었다.

답: 205쪽

문제 152 육상 연습 금지

훌륭한 육상선수가 되기 위해 늘 열심히 달리는 학생이 있었다.
그런데 경찰이 오더니 연습 중인 소년의 앞을 막아섰다.

왜 그랬을까?

| 단서 |

소년은 특정 종목의 육상경기를 위해 연습하고 있었으나, 마을
사람들은 소년의 행동이 예의에 어긋난다고 생각했다.

답: 205쪽

문제 153 비위생적인 관리인

학교 관리인이 대걸레를 변기 속에 담그더니 그 걸레로 화장실 거울을 닦았다. 왜 그랬을까?

| 단서 |

1. 관리인은 누군가의 지시에 의해 이 같은 행동을 했다.
2. 관리인이 한 행동은 학교의 위생과는 전혀 관계가 없다.
3. 관리인은 학생들의 바른 생활을 위해 이 같은 행동을 했다.

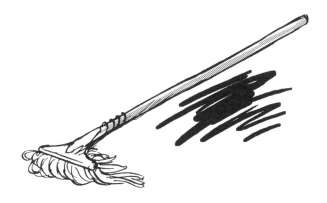

답: 205쪽

치솟은 와인 가격

어느 와인 한 병의 가격이 하룻밤 사이에 천정부지로 올랐다.
　이유가 뭘까?

│ 단서 │

1. 이 와인은 희귀하거나 구하기 어려운 수확기의 와인은 아니
　었다.
2. 수집가들 사이에서 높은 가치를 인정받는 와인은 아니었다.
3. 이 와인은 유명인과 관련이 있다.

답: 206쪽

문제 155 **죽음의 연설**

한 미국 대통령이 연설 때문에 목숨을 잃었다.
  어떻게 된 일일까?

| 단서 |

1. 대통령의 연설이 그의 죽음에 간접적인 원인을 제공했다.

2. 대통령이 목숨을 잃은 것은 자신의 취임식 연설 때문이었다.

3. 대통령은 암살되지 않았으며, 사고로 죽었다.

4. 대통령은 1841년 워싱턴에서 연설을 했다.

답: 206쪽

문제 156 우연한 성공

한 주방장이 누군가를 골려주려고 만든 것이 오늘날 많은 사람들이 즐겨 찾는 음식이 되었다.

이것은 무엇일까?

| 단서 |

까탈스러운 손님의 불평을 들은 주방장은 기분이 몹시 상했다. 주방장은 손님이 원하는 특징을 살리기 위해 극단적인 요리법을 썼으며, 이후 이 음식은 오늘날 많은 사람들이 좋아하는 간식거리가 되었다.

답: 206쪽

문제 157 시계 광고의 비밀

잡지에 실린 시계 광고를 보면 대부분의 시계가 1시 50분이나 10시 10분을 가리키고 있다.

그 이유는 무엇일까?

| 단서 |

광고주들은 사람들에게 보다 인간적이고 친근하며 긍정적인 이미지를 전달하고자 하기 마련이다. 시계를 1시 50분이나 10시 10분으로 맞추는 것은 시곗바늘의 모양이 이러한 의도에 부합하기 때문이다.

답: 206쪽

문제 158 이상한 육상경기

그는 세계적인 육상대회에서 100미터 달리기를 가장 빠른 속도로 달린 선수였지만, 우승은 다른 선수에게 돌아갔다.

왜 그랬을까?

| 단서 |

1. 그가 참가한 경기는 일반적인 100미터 달리기였다.

2. 그는 100미터를 가장 빠른 속도로 달렸으며, 2위로 결승선을 통과했다.

3. 경기에 참가한 선수들은 출발선상에서 준비를 마친 상태로 똑같은 시각에 동시에 출발신호를 들었다.

답: 207쪽

문제 159 우승 후보

경쟁 상대가 없는 강력한 우승 후보가 2위에 그치고 말았다.
  어떻게 된 일일까?

| 단서 |

이 경기는 여러 명이 한 팀을 이뤄 경쟁하는 경기였다. 우승 후보팀은 유일한 참가자였으며, 2등상을 받았다.

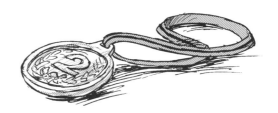

답: 207쪽

문제 160 요리용 와인

보통 레스토랑에서는 요리에 와인을 넣을 때 일반 와인이 아닌 요리용 와인을 사용한다. 그런데 굳이 요리용 와인을 구입하지 않더라도, 시중에서 판매하는 일반 와인에 소금과 후추만 넣으면 요리용 와인과 다를 바 없어진다고 한다. 그렇다면 레스토랑에서 굳이 요리용 와인을 사용하는 이유는 무엇일까?

| 단서 |

1. 요리용 와인을 사용하더라도 와인 제조자나 구매자에게 금전적인 이익이 돌아오지는 않는다.
2. 요리용 와인은 요리용으로밖에 사용할 수 없다.
3. 레스토랑 경영자들은 특정 위험 요소를 줄이기 위해 요리용 와인을 선호한다.

답: 207쪽

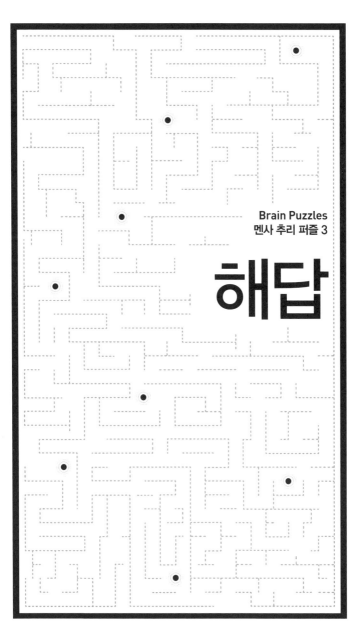

Brain Puzzles
멘사 추리 퍼즐 3

해답

001 독은 펀치에 넣은 얼음에 들어 있었다. 남자가 펀치를 마실 때만 해도 얼음은 이제 막 들어간 상태라 별로 녹지 않았다. 그러나 시간이 흐르고 얼음이 꽤 녹았을 때 펀치를 마신 사람들은 얼음에서 녹아 나온 독을 함께 마셨다.

002 병원 측은 곰 인형에 붕대를 감았다. 그러고는 곰 인형을 들고 가려는 아이들에게 "곰 인형이 아프기 때문에 병원에서 계속 치료를 받아야 한다."라고 말했다. 그러면 아이들은 '아픈' 곰 인형을 불쌍하게 생각해서 더 이상 고집을 부리지 않았다.

003 소녀는 아버지의 차에서 라디오를 들었다. 하지만 차가 터널로 들어서자 라디오 방송이 제대로 수신되지 않았다.

004 남편은 자신이 집을 나가면 아내는 곧바로 그 남자에게 전화를 걸어서 약속을 잡을 것이라고 생각했다. 남편의 예상대로 아내는 전화를 건 뒤에 외출을 했고, 집에 돌아온 남편은 전화기의 재다이얼 버튼을 눌러서 남자에게 전화를 걸었다. 남편은 전화를 받은 남자에게 '경품에 당첨되었으니 경품을 보낼 주소를 알려달라'고 해서 이름과 주소를 알아냈다.

005 이 병원은 산부인과였으며 대부분의 환자들은 건강한 산모였다.

006 경찰이 재생 버튼을 누르자마자 남자의 마지막 메시지가 흘러나왔다. 하지만 이것은 누군가가 녹음테이프를 처음으로 돌려놓지 않고서는 있을 수 없는 일이다.

007 소녀들은 차례대로 사과를 한 개씩 가져갔고, 여섯 번째 소녀는 사과 한 개가 남아 있는 바구니를 통째로 가져갔다. 그러므로 바구니 안에는 여전히 사과가 한 개 담겨 있게 된다.

008 펑크 난 타이어는 트렁크에 실려 있는 스페어타이어였다. 차에 달려 있는 타이어 네 개는 멀쩡했다.

009 소년이 빌린 책은 백과사전 전집 중 한 권이었다. 백과사전은 각 권이 알파벳순으로 나뉘어 있었는데, 소년이 빌린 책의 표지에는 'H'로 시작하는 단어 중에서도 'How'에서부터 'Hug'까지의 단어를 담았다는 뜻으로《How to Hug》라고 적혀 있었다.

010 두 대통령은 동일 인물이다. 바로 그로버 클리블랜드(Grover Cleveland, 1837~1908) 대통령이다. 그는 제22대와 제24대 대통령을 역임했으며, 미국 역사상 연속되지 않고 임기를 한 번 건너뛰어 재임한 유일한 인물이기도 하다. 첫번째 취임 기간은 1885~1889년, 두 번째 취임 기간은 1893~1897년이었다.

011 남자는 무슬림(이슬람교도)이었다. 이슬람의 금식 기간인 라마단 때에는 해가 뜰 때부터 질 때까지 음식과 물, 담배 등이 엄격하게 금지된다.

012 명확한 답을 내리기 어려운 문제다. 두 사람에게는 재판에서 지더라도 자신의 승리를 주장할 수 있는 명분이 있기 때문이다. 왜 그런지는 재판이 끝난 뒤의 상황을 생각해보면 쉽게 알

수 있다. 제자가 재판에서 지면 수업료를 내야 하는 조건을 만족시키지 못한 셈이 되고, 프로타고라스가 지면 수업료를 받을 수 있는 조건을 충족시키기 때문이다.

두 사람이 법정에 선다면 최후의 승자는 제자가 될 것이라고 보는 사람들도 있다. 어쨌든 제자는 변론가가 되어야 할 의무도 없을뿐더러 스승과의 계약을 위반한 바가 없기 때문이다. 하지만 프로타고라스는 이 재판에서 지더라도 다시 한 번 제자를 고소할 명분을 갖고 있다. 왜냐하면 이제 그의 제자가 '첫 번째 재판에서 승리'했기 때문이다. 이렇게 되면 제자는 결국 스승에게 수업료를 낼 수밖에 없다.

그러나 이마저도 뒤집을 수 있는 방법이 있다. 애초에 제자가 실력 있는 변론가를 고용해서 재판을 하면 된다. 스스로 변론을 하면 '첫 번째 재판'이 되지만, 변론가를 고용하면 재판에서 승리해도 자신의 '첫 번째 재판'으로 생각할 수 없기 때문이다. 이렇게 되면 다시 제자가 최후의 승자가 된다.

013 각각 모래시계와 해시계다. 모래시계는 요리 시간을 잴 때처럼 오늘날에도 일상생활에서 사용하는 경우가 종종 있지만, 해시계는 거의 사용하지 않는다.

014 자동차가 도로 위에 있다고 말한 적은 없다! 기차는 자동차를 싣고 이동하는 중이었다.

015 장갑 제조업자는 5천 개의 장갑 중에 오른쪽은 마이애미로 보내고 왼쪽은 뉴욕으로 보냈다. 하지만 그가 관세를 내지 않자 마이애미 공항의 세관과 뉴욕 공항의 세관에서는 장갑을 모두

경매에 내놓았다. 하지만 한쪽밖에 없는 장갑을, 그것도 5천 개씩이나 사려는 사람이 있을 리 없었다. 그는 두 세관의 경매에 참가해서 매우 낮은 가격으로 장갑을 낙찰받았다.

016 두 남자는 테니스 복식 경기에 한 팀으로 참가한 선수들이었다.

017 두 사람은 레스토랑에서 각자 식사를 하던 중이었다. 그런데 한 남자가 목에 걸린 생선가시 때문에 질식할 지경에 놓이자, 옆에서 이를 본 사람이 남자의 등을 세게 쳐서 가시를 빼주었다. 두 남자는 서로가 경쟁 팀을 응원하는 사람인 줄은 전혀 알지 못했다.

018 조지 2세와 앙리 3세는 실제로는 모두 하룻밤을 자고 일어났다. 영국에서는 1752년에, 프랑스에서는 1582년에 날짜계산법을 오늘날의 그레고리력으로 바꾸면서 생긴 일이다. 그전까지 영국과 프랑스에서는 율리우스력을 사용했다. 1582년 교황 그레고리 13세는 율리우스력의 오차를 수정해서 새로운 역법을 공표하고 기존의 달력에서 10일을 건너뛸 것을 명했다. 프랑스와 같은 가톨릭 국가들은 이때부터 그레고리력을 썼지만 영국과 같은 청교도 국가에서는 1752년이 되어서야 그레고리력을 받아들였기 때문에 10일이 아닌 11일을 건너뛰어야 오차를 수정할 수 있었다.

019 소녀의 눈앞에 펼쳐진 것은 난생처음 보는 거실과 거실에 난 창문, 그리고 창문 너머로 보이는 정원이었다. 부모가 소녀를 지하실에 가둬놓는 바람에 소녀는 태어나서 한 번도 지하실 밖으로 나온 적이 없었다. 대부분의 사람들이 지하실 밖에서 지하실 문을 열었다고 생각했을 것이다. 하지만 문은 밖에서도 열 수 있고 안에서도 열 수 있다.

020 승선한 선원 50명 모두가 짐과 같은 선원들뿐이었기 때문이다. 선장은 선원들이 전부 마음에 들지 않았지만 항해가 끝날 때까지는 해고시킬 수 없는 노릇이었다.

021 맨홀 뚜껑이 사각형이면 뚜껑이 구멍 아래로 빠질 위험이 있지만 원형은 그렇지 않다. 사각형의 대각선 길이는 각 변의 길이보다 길기 때문에, 맨홀에서 뚜껑을 받쳐주는 턱이 아주 넓지 않은 한 사각형 맨홀 뚜껑은 자칫하면 아래로 빠지기 쉽다. 또한 열었다가 닫을 때마다 네 모서리의 위치를 신경 써서 맞춰야 한다. 반면에 원형은 어느 방향으로든 폭이 일정하기 때문에 빠질 염려가 없을뿐더러 아무렇게나 놓아도 구멍에 잘 맞는다. 여러모로 봤을 때 원형으로 된 맨홀 뚜껑이 더 안전하고 실용적이다.

022 남자는 술집을 하나도 지나치지 않고 보이는 곳마다 전부 들렀다!

023 남자는 한때는 상류층에 속하는 사람이었지만 지금은 끼니를 거를 정도로 어려운 처지였다. 하지만 다른 사람들에게는 그런

모습을 보이고 싶지 않았다. 모처럼 포식할 기회를 놓칠 수 없었던 남자는 한동안 먹을 양식을 챙길 생각으로 파티 음식을 주머니 속에 잔뜩 집어넣은 상태였다. 만약 소지품 검사에 응해 주머니 안에 몰래 넣어둔 음식이 발각되기라도 하는 날에는 도둑으로 몰리는 것보다 더한 망신을 당할 것이 뻔했다.

024 존 브라운은 날짜변경선 부근에 위치한 남태평양의 작은 섬에서 죽었다. 그는 12월 6일 목요일에 사망했지만 동쪽으로 날짜변경선을 넘어서 고향 땅에 묻혔을 때는 12월 5일 수요일 오후였다.

　날짜변경선은 서경·동경 180도에 걸쳐 있는 가상의 선으로, 날짜변경선을 서쪽에서 동쪽으로 여행할 경우에는 그날의 날짜에서 하루를 빼고, 반대로 동쪽에서 서쪽으로 여행할 경우에는 하루를 더하게 된다.

025 두 사람은 등을 맞대고 서 있는 것이 아니라, 얼굴을 마주한 상태로 서로의 등 너머를 지켜보고 있었다.

026 남자는 아내가 쓰는 여성형의 말투까지 그대로 따라 했다. 일본어는 여성의 말투와 남성의 말투가 다르다. 남성의 말투는 직설적이고 거친 반면에 여성의 말투는 부드럽고 사근사근하다. 그러니 여성의 말투를 쓴 남자는 현지인들에게 놀림감이 될 수밖에 없었다.

027 교수는 지각한 학생 네 명을 서로 다른 방에서 기다리게 한 다음, 한 명씩 차례대로 불러서 펑크 난 타이어가 어느 쪽이었는

지 물어보았다. 학생들이 말한 타이어의 위치는 예상대로 전부 달랐다.(네 학생의 이야기가 일치할 확률은 $\frac{1}{4} \times \frac{1}{4} \times \frac{1}{4} = \frac{1}{64}$ 밖에 되지 않는다.)

028 아내는 차 안에서 아이를 낳다가 죽었으며, 죽은 아내 곁에는 이제 막 태어난 사내아이가 울고 있었다.

029 도둑은 차 안에 있던 고가의 명품 선글라스를 훔쳐갔다. 남자는 선글라스 없이 비탈진 산길을 운전하다가 석양빛에 눈이 부셔서 도로를 제대로 보지 못하고 추락하고 말았다.

030 소녀의 생일은 1896년 2월 29일이었다. 원래 2월은 28일까지 있지만 4년마다 한 번씩 돌아오는 윤년에는 29일까지 두고 있다. 현재 우리가 사용하는 그레고리력에서는 서력 기원 연수를 4로 나누었을 때 나누어떨어지는 해를 윤년으로 친다. 단, 1900년과 같이 세기가 바뀌는 해 가운데 400의 배수가 아닌 해는 윤년이 아니라 평년으로 친다.(1900년은 평년, 2000년은 400의 배수이므로 윤년이다.) 그러므로 소녀는 1904년 2월 29일이 되서야 첫 번째 생일을 맞이했고, 다시 4년 후 두번째 생일을 맞이했을 때에는 열두 살이 되었다.

031 페니블랙이 발행되었을 당시에는 우체국 소인도 검은색이었다. 그러다 보니 소인이 찍힌 우표와 안 찍힌 우표를 구분하기 어려웠고, 소인이 찍힌 우표를 재사용하는 사람들이 늘어났다. 이러한 경우를 막기 위해 페니'블랙'을 페니'레드'로 바꾼 것이다.

032 교육감이 방문할 예정이라는 것을 미리 알고 있던 교사는 '어떤 질문을 하더라도 모두 손을 들라'고 학생들에게 지시했다. 다만 답을 모를 때는 왼손을 들고, 답을 알 때만 오른손을 들도록 했다. 교사는 교육감의 질문이 나올 때마다 매번 다른 학생에게 답할 기회를 주었고, 왼손을 든 학생은 시키지 않았다.

033 윌리엄의 아버지가 60세이고 어머니는 25세, 어머니의 아버지, 즉 외할아버지가 45세라고 가정해보자. 아버지 쪽과 어머니 쪽을 합하면 누구에게나 할아버지가 두 명 있기 때문에, 외할아버지가 자신의 아버지보다 나이가 어린 경우가 없다고는 할 수 없다.

034 남자는 섬의 불길을 등지고 서서 자기 앞쪽의 땅에 불을 붙였다. 그러고는 불타기 시작한 불길을 따라 걸어갔다. 남자가 붙인 불은 강한 바람을 타고 섬의 한쪽 끝까지 이르러 꺼졌다. 남자가 그곳에 도달하자 그의 등 뒤에서 따라오던 원래의 불길은 더 이상 태울 것이 없어져 그의 바로 앞에서 저절로 꺼졌다.

035 소년은 누나의 아들이다. 그러므로 남동생에게는 조카가 되지만 누나에게는 조카가 아니다.

036 남자는 방문을 잠근 뒤에 물에 적신 생가죽 끈을 목에 감았다. 젖은 생가죽은 마르면서 수축하는 성질이 있기 때문에 남자는 끈을 잡아당기지 않고도 자신의 목을 서서히 조를 수 있었다.

037   당시 영국에서는 각 지역의 추정 면적에 따라 세금을 징수했
는데, 항공사진을 찍은 덕분에 해당 지역의 면적과 경계를 보
다 정확하게 파악할 수 있었다. 지도 제작이 완성되고 그동안
면적이 과소평가된 지역의 세금을 징수했더니 지도 제작에 들
어간 비용을 충당하고도 남았다.

038   초상화의 주인공은 남자의 딸이다.

039   비행기는 해발 1,500미터에 위치한 비행장의 활주로에 세워
져 있었다.

040   도전자는 앞을 못 보는 사람이었다. 그는 자신에게 불리한 조
건을 없애기 위해 캄캄한 한밤중에 시합을 하자는 조건을 제
시했다. 도전자는 평소 하던 대로 경기를 했지만 챔피언은 앞
이 보이지 않아서 공을 제대로 칠 수 없었다.(시각장애인 골프 선
수들은 서포터의 도움으로 공과 홀의 위치를 확인한다.)

041   도전자는 챔피언에게 사다리 오르기 시합을 제안했다. 도전자
는 아일랜드에서 가장 빠른 창문닦이로 이름난 사람이었기 때
문에 사다리 오르기쯤은 식은 죽 먹기였다.

042   두 사람은 스쿠버다이버였다. 그들은 이날 오후 바다에서 스
쿠버다이빙을 하던 중에 서로를 알아보고 손을 흔들며 인사를
나눴다.

043 벤은 '기원전' 2000년에 태어났다. 그러므로 기원전 1985년에는 열다섯 살이 되고 기원전 1980년에는 스무 살이 된다.

044 바보가 지폐를 집으면 그를 구경하러 오는 사람이 아무도 없을 것이다. 이를 잘 알고 있던 '바보'는 동전이라도 계속 벌기 위해 지폐 대신 동전을 집었다.

045 한 팀에서 트럼프 카드를 전부 가지고 있을 확률과 한 장도 가지고 있지 않을 확률은 똑같다. 한 팀에서 트럼프 카드 13장을 모두 갖고 있으면 상대 팀은 자동적으로 트럼프 카드를 한 장도 갖지 못한 것이 되기 때문이다.

046 이것은 대만에서 실제로 일어난 사건이다. 범인은 잘 훈련된 비둘기를 새장에 넣어서 공중전화 부스 안에 두고는 "비둘기의 목에 매달린 주머니 속에 다이아몬드를 넣은 다음 새를 날려 보내라."라는 메모를 남겨놓았다. 갑부는 납치범의 지시대로 비둘기가 매달고 있는 주머니에 다이아몬드를 넣었고, 새는 그대로 납치범에게 날아갔다. 경찰은 날아가는 새를 붙잡을 수도, 추적할 수도 없었다.

047 두 선수가 모두 여자였기 때문에 펀치를 날린 '남자'는 없었다.

048 1957년 소련은 세계 최초로 생명체를 태운 인공위성을 발사했다. 당시 인공위성에 탑승했던 애완견 라이카는 온도 변화와 압력을 이기지 못해 목숨을 잃고 말았다.

049 남자가 차를 세운 곳은 편도 1차선 도로였다. 남자가 세운 차가 도로를 가로막는 바람에 뒤따르던 차들에 타고 있던 스물다섯 명의 사람들은 꼼짝없이 기다려야 했다. 남자가 은행에서 돈을 훔쳤는지는 알지 못하고 이 상황만을 지켜본 경찰은 남자가 은행에서 나오기를 기다렸다가 '다시는 이렇게 주차하지 말라'고 주의를 주었다.

050 안전벨트 착용을 의무화한 덕분에 교통사고 사망자가 줄어들었다. 그 결과 안전벨트가 아니었다면 목숨을 잃었을 사람들이 다행히 부상만 입게 되었고, 이를 치료하기 위해 병원을 찾아오는 환자가 더 많아졌다.

051 남자는 보청기를 착용해야 하는 사람이었다. 그날 아침 남자는 보청기에 넣을 전지를 교체하기 위해 쇼핑을 하러 갔어야 했는데 그러지 않았다. 하필이면 비행기를 착륙시키려는 순간 보청기의 전기가 다 떨어지는 바람에 남자는 교관의 중요한 지시 사항을 제대로 듣지 못하고 사고를 냈다.

052 냄비에 담긴 물은 이미 끓어서 김이 오르고 있었다. 물은 끓기 시작하면 100도 이상으로 올라가지 않을뿐더러 수증기가 되어 날아가버린다. 즉 하녀가 물을 끓이면 끓일수록 욕조에 부을 뜨거운 물의 양이 점점 줄어드는 것이다.

053 빌은 아내와 네 살짜리 아들을 데리고 휴양지에 왔다. 그 나이 또래의 아이들이 그렇듯이 아이는 하루 종일 지칠 줄 모르고 놀고 싶어했다. 그나마 저녁을 먹고 나서 계단을 걸어 올라오

면 아이가 지쳐서 바로 잠들었기 때문에 빌과 아내는 어쩔 수 없이 계단을 이용했다. 아이는 저녁마다 신나게 계단을 올라갔지만 빌은 저녁마다 고역을 치러야 했다.

054 두 남자는 몇 해 전에 조난을 당해 무인도에 표착했던 때를 추억하며 앨버트로스 요리를 주문했다. 그러나 식당에서 내온 요리의 맛은 무인도에서 먹었던 고기의 맛과 전혀 달랐다. 그 순간 남자는 앨버트로스 고기로 알고 먹었던 것이 사실은 무인도에서 죽은 아들의 인육이었다는 끔찍한 사실을 깨닫고 스스로 목숨을 끊었다.

055 남자는 바닷가에 세워둔 작은 보트에 올랐다가 갑판에서 떨어지고 말았다. 수영을 할 줄 몰랐던 그는 목에 걸고 있던 묵직하고 값비싼 물안경마저도 짐스러웠다. 어쩔 수 없이 그는 물안경을 벗어 던지고 물에서 빠져나왔다. 그러고는 수영을 할 줄 아는 사람에게 돈을 주고 물안경을 찾아달라고 부탁했지만 허사였다. 그런데 시간이 지나고 썰물 때가 되자 물안경은 해안가에서 발견되었다.

056 이날은 서머타임이 시작되는 날이었다. 안타깝게도 남자는 시계를 한 시간 앞당겨놓아야 한다는 걸 잊고 있었다. 결국 자신은 평소대로 7시 45분에 집을 나섰다고 생각했지만 실제로는 8시 45분이었고, 이 사실을 까맣게 모른 채 기찻길을 지나다 사고를 당하고 만 것이다.

057 '토요일 비행기'는 남자가 타고 간 전용기의 이름이다.

058 두 기차는 같은 날에 같은 철길을 달렸지만 서로 시간대가 달랐다. 한 대는 이른 오후에, 다른 한 대는 그보다 늦은 시각에 터널을 통과했다.

059 화를 낸 남자는 호송 차량을 타고 이송 중인 죄수였으며, 그 옆에는 죄수와 수갑을 나눠 찬 호송 경관이 앉아 있었다. 그런데 한적한 시골길에 차가 잠시 정차하자 이때를 노린 죄수가 경관에게 권총을 겨누면서 수갑 열쇠를 내놓으라고 협박했다. 경관은 죄수와 몸싸움 끝에 총을 맞고 쓰러졌고, 숨이 끊어지기 직전에 수갑 열쇠를 삼켜버렸다. 이제 죄수는 자신이 살해한 경관의 시신과 함께 수갑을 차고 있는 꼴이 됐다.

060 열매가 맺혔을 때 빈 병을 나뭇가지에 매달아두고 열매를 병 속으로 넣는다. 이렇게 하면 열매가 계속 병 속에서 자랄 수 있다.

061 982년 노르웨이 왕국의 '붉은 머리 에리크'(Eric the Red)가 그린란드를 발견했다. 새로운 땅을 발견한 그는 많은 사람들에게 이주를 장려하기 위해 일부러 '초록의 섬'이라는 뜻의 그린란드라는 이름을 붙였다.

062 남자는 방금 전에 지나온 마을의 이름을 기억하고 있었다. 쓰러진 표지판에는 이 마을의 이름이 적혀 있었기 때문에 그 마

을의 이름과 자신이 걸어온 방향을 나란히 맞추면 나머지 방향은 쉽게 알 수 있었다.

063 남자의 사망 원인은 질식사였다. 눈 덮인 산속에서 허공을 향해 총을 쏘자 총소리의 울림이 눈사태를 일으켰고, 남자는 엄청난 눈 속에 파묻혀서 죽고 말았다.

064 드라이브를 나선 남자는 해변에 차를 세우고 넘실거리는 파도 너머로 사라지는 석양을 바라보다가 깜빡 잠이 들었다. 그때 밀물이 들어와서 차를 에워싸기 시작하더니 눈 깜짝할 사이에 차창까지 바닷물에 잠겨버렸다. 그제야 남자는 잠이 깼지만 수압 때문에 문을 열고 탈출할 수가 없었다. 결국 남자는 차 안을 가득 채운 바닷물로 인해 익사하고 말았다. 다시 썰물이 되자 남자는 빈 차 안에서 죽은 채 발견되었다.

065 남자는 서커스에 등장하는 사자의 조련사였다. 그런데 그만 성난 사자를 막을 때 쓰는 의자를 깜박하고 무대에 올랐다가 사자의 돌발행동을 막지 못해 죽고 말았다.

066 장기수로 오랜 감옥살이를 하던 남자는 감옥에서 일하는 장의사를 매수해서 탈출을 시도하기로 마음먹었다. 그의 계획은 이러했다. 다른 죄수가 죽으면 시체와 함께 관에 들어가서 감옥 밖으로 나간 다음, 시신을 묻기 직전에 장의사가 관을 열어주기로 한 것이다. 드디어 누군가가 죽었다는 소식을 들은 남자는 그날 밤 바로 계획을 실행에 옮겼다. 그런데 시체가 들어 있는 관 안에서 깜박 잠이 든 것이다. 잠에서 깬 남자가 성냥불을

켜자 눈앞에는 다름 아닌 그가 매수한 장의사의 시체가 있었고, 관은 이미 땅속에 묻힌 뒤였다.

067 남자가 발견한 것은 보드판에 붙어 있는 유리 의안 네 개였다. 그리고 그 아래에는 아내의 전남편들의 이름이 적혀 있었다. 아내의 전남편들은 모두 결혼한 지 1년 만에 죽었다. 얼마 전 지금의 아내와 결혼한 그는 머지않아 자신의 의안도 이곳에 똑같이 붙여질 거라는 생각이 들자 충격으로 쓰러져 죽고 말았다.

068 남자는 구멍으로 통을 채웠다! 다시 말해서 통에 구멍을 잔뜩 냈기 때문에 가벼워질 수밖에 없다.

069 1년 동안의 골프 경기 중에 3분의 1은 알프, 버트, 크리스의 순으로 끝났고, 또 다른 3분의 1은 버트, 크리스, 알프의 순으로 끝났으며, 나머지 3분의 1은 크리스, 알프, 버트의 순으로 끝났다.

070 남자는 아내를 찌른 칼에 아내의 엄지발가락 지문을 찍어서 사체 옆에 놓았다. 자신의 발가락 지문을 남기지 않은 것은 나중에라도 그 지문 때문에 경찰의 조사를 받게 될 우려가 있어서였다. 하지만 아내의 발가락 지문은 사체가 땅속에 묻히는 것과 동시에 영원히 밝혀지지 않을 증거였다.

071 몹시 가난했던 남자는 스웨덴의 의학 연구기관으로부터 돈을 받고 자신이 죽으면 시신을 연구용으로 기증하겠다는 계약을

맺었다. 그런데 시간이 흘러 얼마간의 재산을 상속받게 되자 남자는 마음이 바뀌었다. 그는 의학 연구기관에 계약을 취소해 달라고 요구했고, 이 요구가 거절당하자 소송을 제기했다. 그러나 판사는 의학 연구기관의 손을 들어주었을 뿐만 아니라, 미래의 '소유주'에게 허락도 받지 않고 발치한 것에 대해 손해 배상을 하라는 판결을 내렸다!

072 여학생은 병에 물을 가득 채운 뒤 도시 한복판에서 그 물을 쏟아버렸다. 이제 병 안에 담긴 것은 백 퍼센트 도심지의 공기임에 틀림없다.

073 사전이나 지도를 만들 때 실제로는 존재하지 않는 단어나 섬을 의도적으로 만들어 집어넣는다. 이렇게 하면 누군가의 출판물에서 이것이 발견될 경우 불법 복제의 명백한 증거가 될 수 있기 때문이다.

074 소년이 제시한 방법은 이렇다. 나머지 타이어 세 개에서 너트를 하나씩 빼서 교체하고자 하는 타이어에 끼우면 된다. 물론 임시방편이긴 하지만 가까운 정비소까지 차를 몰고 가는 데에는 문제가 없다.

075 꼬마는 경비견을 따돌리기 위해 예쁜 암컷 강아지를 데려왔다. 경비견은 강아지에게 정신이 팔린 나머지 꼬마가 과수원으로 들어가는 것을 보지 못했다.

076 똑같은 희귀본을 두 권이나 갖고 있던 남자는 책의 가치를 더 높이려고 한 권을 없애버렸다.

077 먼저 환경에 무해한 농축된 화학물질이나 식물에서 추출한 염료 일정량을 호수에 붓는다. 그리고 이 물질이 호숫물에 퍼지기를 기다린 뒤에 호수 여기저기에서 견본을 채취한다. 이 농도를 정확히 측정하면 호숫물의 양이 얼마인지를 대략 알 수 있는데, 견본의 농도가 묽을수록 호숫물의 양이 많다고 할 수 있다.

078 화이트 부인은 때마침 바느질 코를 세고 있었다. 한 코 한 코 집중해서 3백 코쯤 세었을까? 그때 전화벨이 울렸고, 잘못 걸린 전화에 남편은 "우리 집 전화번호는 837-9263이오"라고 대꾸했다. 화이트 부인은 이 숫자를 듣는 순간 바느질 코를 어디까지 셌는지 잊고 말았다.

079 골프를 좋아하는 사람이라면 누구나 그렇듯이 이 남자도 홀인원(공을 쳐서 단번에 홀컵에 들어가는 것) 한 번 해보는 게 소원이었다. 하지만 일단 홀인원을 기록하면 코스에 참가한 전원에게 술을 한 잔씩 사야 하는 관례가 있기 때문에 남자는 이날을 대비해서 보험까지 들었다고 한다. 이것은 실제로 일본에서 있었던 일이다.

080 남자는 교통사고로 입원한 아내를 만나고 계단을 내려오는 길이었다. 그런데 갑자기 병원 전체가 정전되었고, 병원의 비상발전 시스템까지 멈춰버리는 사고가 일어났다. 그 순간 남자는

인공호흡기를 쓰고 있는 아내를 떠올리며 슬픔에 잠겼다. 인공 호흡기의 전원이 꺼져버렸을 것이기 때문이다.

081 카우보이들은 대부분 말을 타고 다녔다. 그런데 말에서 떨어지 거나 말에서 내려올 때 발이 등자에 걸리는 일이 종종 있는데, 이 상태에서 말이 날뛰기라도 하면 그대로 말에 끌려가다가 죽는 경우가 많았다.

082 강사들은 배우는 사람들과 마주 서서 자세를 알려주는 경우가 많다. 마주 선 강사가 왼손잡이라면 골프를 배우는 사람들로서 는 강사의 모습을 거울이라 생각하고 그대로 따라 하면 되므 로 더 쉽게 배울 수 있다.

083 세상에는 탄성 줄을 묶고 고층 빌딩이나 다리에서 뛰어내리는 것을 즐기는 사람들이 있다. 이 남자 역시 번지점프를 즐기는 사람이었다. 남자는 공사 현장에 세워져 있는 크레인에서 뛰어 내렸다가 줄이 끊어지는 바람에 땅바닥으로 곤두박질쳤다.

084 20세기 초에 생긴 새로운 기술은 바로 엑스레이였다. 그전까 지만 해도 인체 내부를 보려면 시신을 뉘어놓고 해부를 하는 방법밖에 없었다. 그런데 엑스레이는 선 채로도 찍을 수 있기 때문에 누워 있는 상태에서 보는 것과는 다른 인체의 모습을 보여주는 일이 많았다. 이러한 차이를 생각하지 못한 의사들은 단순히 장기의 형태가 달라 보인다는 이유로 있지도 않은 질 병을 치료하려고 했다.

085 구형이나 타원형 알은 직선으로 굴러가지만 한쪽 끝이 갸름해서 비대칭을 이루는 알은 원을 그리면서 굴러간다. (이해가 가지 않는다면 달걀을 굴려서 실험해보라.) 비대칭 형태의 알은 원을 그리며 제자리로 돌아오기 때문에 낭떠러지 같은 위험한 곳에 놓이더라도 굴러떨어질 위험이 적다.

086 남자의 직업은 피에로였다. 피에로들은 자신만의 독특한 표정을 얼굴에 그려 표현하는데, 자신이 개발한 새로운 표정을 달걀껍질 위에 그려서 국제피에로협회에 보내면 저작권을 주장할 수 있다.

087 이 레스토랑 간판은 네온사인이었다. 원래의 글자는 '음료와 식사'(Drink and Dine)였으나, 'Dine'의 'n'에 불이 나가는 바람에 '마시고 죽자'가 된 것이다.

088 갱단으로부터 협박을 받고 있던 부부는 만약의 사태에 대비해 위험 상황을 알리는 둘만의 신호를 정했다. 아내의 흡연은 위험 상황이 왔다는 것을 뜻했고, 담배를 피워 문 방향에는 그쪽에 협박범이 있다는 것을 뜻했다. 집에 돌아온 남편은 아내의 신호를 보고 협박범이 청소도구함 안에 숨어 있다는 사실을 알아챈 것이다.

089 할머니가 오시기 전날, 손녀는 할머니 장례식을 핑계로 회사에 휴가를 냈었다!

090 이것은 아일랜드 출신의 극작가 조지 버나드 쇼(George Bernard Shaw, 1856~1950)의 일화이다. 버나드 쇼는 중고서점에 들렀다가 우연찮게도 "친구에게, 조지 버나드 쇼로부터"라고 적힌 자신의 책을 발견했다. 그의 친구가 자신이 직접 서명하여 선물로 준 책을 중고서점에 팔아버린 것이다. 버나드 쇼는 이 책을 사서 "다시 친구에게, 조지 버나드 쇼로부터"라고 쓴 뒤 친구에게 보냈고, 책을 받은 친구는 민망함과 당혹감으로 얼굴이 벌게지고 말았다.

091 〈라이언 일병 구하기〉를 촬영하기 위해 아일랜드로 간 스티븐 스필버그 감독은 그곳에서 연합군의 노르망디 상륙 작전 장면을 찍을 생각이었다. 아무래도 전쟁을 배경으로 하는 영화인지라 스필버그 감독은 군인들이 전투에서 팔다리를 잃는 장면을 실감나게 찍고 싶었다. 그래서 실제로 팔이나 다리가 없어 의수와 의족을 사용하는 이들을 엑스트라로 모집한 다음, 전투 장면에서 팔다리가 잘려나가는 모습을 연출했다.

092 갑부의 극본을 무대 위에 올리겠다는 약속은 지켰지만, 그 방식이 조금 달랐다. 제작자는 갑부가 써온 극본의 원본을 파쇄기로 갈아버린 뒤에 연극 무대에 뿌릴 눈꽃송이로 사용했다. 어쨌든 갑부의 극본은 무대에 오른 셈이다.

093 남자는 술집에서 술을 마시면서 담배를 피우고 싶었지만, 자신의 고향인 아일랜드에서는 2004년 이후 모든 공공장소를 금연 구역으로 지정한 상태였다. 이런 까닭으로 많은 아일랜드 남자들이 바다 건너 영국으로 와 흡연의 한을 풀고 있다.

094 자크가 쏜 총은 관자놀이를 빗나간 뒤 그의 목에 매달린 줄을 끊었다. 자크는 그대로 바다에 떨어졌고, 이때 몸에 붙은 불이 꺼졌다. 바닷속에서 소금물을 먹는 바람에 독약을 다 토해낸 자크는 파도에 실려 해변으로 떠밀려 왔다. 그때까지만 해도 자크는 죽지 않고 살아 있었다. 그러나 오랜 시간 바닷속에 있었던 탓에 곧 저체온으로 사망하고 말았다. 이 사건은 프랑스 해안에서 일어난 일이라고 알려져 있지만, 지금은 일종의 괴담으로 전해지고 있다.

095 선생님은 학생들에게 구두점에 따라 문장의 의미가 얼마나 달라지는지를 보여주기 위해 이 문장을 적었다. 선생님이 맨 처음 적은 문장은 "Woman without her man is helpless."(남자가 없는 여자는 무력하기 짝이 없다.)였지만 구두점을 제대로 찍고 난 뒤의 문장은 다음과 같았다. "Woman! Without her, man is helpless."(여성이여! 그대가 없다면 남자는 무력하기 짝이 없다.)

096 형이 운영하는 사업을 독차지할 욕심에 사로잡힌 동생이 형과 형수를 죽이려 했다. 이러한 계획을 알아챈 형은 동생을 막기 위해 아내가 있는 곳으로 향하는 중이었다. 그런데 남자에게는 당뇨병이 있어서 운전 중에 한 번은 당분을 섭취해야만 했다. 때마침 사막 한복판을 달리고 있던 남자는 주유소에 들러서 자판기 커피라도 마실 생각이었지만, 자판기에 넣을 동전 두 개가 없었다. 게다가 주유소가 문을 닫아서 동전을 바꿀 수도 없었다. 동전이 하나만 있었어도 아내에게 전화를 걸어 다른 곳으로 피하라고 알려주고 싶었지만, 남자는 전화조차 걸 수 없었다. 결국 남자는 당분을 섭취하지 못해 죽었고, 동생은

형수를 살해하고 말았다.

097 두 남자가 들고 있던 사다리는 줄사다리였다.

098 이 집에서 사내아이가 태어났다. 그러나 아기가 일주일밖에 살
지 못하고 세상을 떠나자 가족들은 슬픔에 잠겼다.

099 당뇨병이 있었던 여자는 매일같이 손가락을 찔러서 혈당을 확
인했다. 그런데 어느 날 케이크를 먹은 뒤 손을 씻지 않은 채
혈당을 확인했고, 손가락에 남아 있던 설탕이 혈액 샘플에 묻
어나는 바람에 혈당 수치가 심하게 높게 나왔다. 혈당 수치가
급격히 올라갔다고 생각한 여자는 인슐린 주사를 맞았지만, 실
제로는 혈당이 높지도 않은 상태에서 주사를 맞은 탓에 저혈
당으로 쓰러졌고 끝내 목숨을 잃었다.

100 오스카 코코슈카가 오스트리아 빈에 있는 미술대학에 지원했
던 1907년 히틀러 역시 같은 대학을 지원했지만 합격하지 못
했다. 코코슈카는 대학에 합격해 화가의 길을 갔지만, 히틀러
는 그 뒤 화가의 꿈을 접고 군인의 길을 택했다. 코코슈카는 자
신이 히틀러에게 합격을 양보했더라면 그 역시 정치가가 아닌
화가가 되었을 것이라며 안타까워했다.

101 시원한 맥주를 마시며 동굴 탐험을 즐기고 싶었던 두 남자는
맥주병을 담은 아이스박스에 드라이아이스를 가득 채워 갔다.
둘은 좁은 수직 동굴의 바닥까지 내려간 뒤 아이스박스를 열

고 시원한 맥주를 꺼내 마셨다. 그런데 이들이 흡족하게 술 맛을 즐기는 동안, 드라이아이스에서 기화된 이산화탄소가 바깥으로 빠져나가지 못하고 동굴 아래에 쌓이기 시작했다. 이산화탄소는 공기보다 무겁기 때문이다. 이렇게 쌓인 이산화탄소가 동굴 안의 산소를 밀어내는 바람에 두 남자는 질식사하고 말았다.

102 스웨덴에 살고 있던 남자는 지난 20년간 중앙선의 좌측에서 운전하는 데 익숙해져 있었다. 그런데 어느 날 갑자기 스웨덴 정부에서 좌측통행에서 우측통행으로 정책을 바꾸었다. 그 바람에 평소 습관대로 운전하던 남자는 법규 개정 첫날부터 교통법규 위반으로 경찰에 붙잡히고 말았다.

103 줄리와 조지는 스카이다이빙을 즐기러 왔다가 변을 당했다. 조지가 낙하산을 펼치려는 순간, 줄리가 조지의 낙하산 위로 떨어진 것이다. 조지의 낙하산에 휘감긴 줄리는 자신의 낙하산을 펼치지 못했고, 낙하산이 휘감겨버린 조지 역시 그대로 추락하고 말았다.

104 국경 지역에는 "미국에 오신 것을 환영합니다."(Welcome to U.S.A)라는 간판에 걸려 있었다. 이름 이니셜이 S.A였던 강도는 순간적으로 이 문구를 자기 자신을 가리키는 말, 즉 "S.A. 당신을 환영합니다."(Welcome to you S.A.)라고 착각해 간판에서 S와 A 두 글자를 떼어냈다. 하지만 간판에서 없어진 글자가 S와 A라는 것은 누가 봐도 알 수 있었다.

105 이 공장의 경비견은 저먼 셰퍼드였다. 반짝이는 구리선 뭉치를 본 셰퍼드는 본능적으로 이를 물어다가 공장 뒷마당에 묻어버렸다.

106 기차역이 가까워지자 차장은 다음과 같은 안내방송을 내보냈다. "다음 역에서 승객 여러분의 탑승권을 검사할 예정이오니, 표가 없는 승객께서는 이번 역에서 하차해주시기 바랍니다." 방송이 나간 뒤 열차 문이 열리자 많은 승객들이 내렸고, 기차는 다시 운행을 계속했다. 그런데 기차가 출발하자마자 차장은 다음과 같은 두 번째 안내방송을 내보냈다. "먼저 안내된 내용은 농담이었습니다."

107 빛이 있으면 그림자가 있게 마련이다. 신형 보안장치는 집 주변을 더욱 환하게 밝혀주는 기계였지만, 불빛이 밝아진 만큼 그림자도 짙어져서 도둑들이 숨을 수 있는 공간이 더 안전하게 확보된 것이다.

108 스턴트맨은 촬영에 들어가기에 앞서 자신이 뛰어내릴 건물의 높이를 잰 뒤, 300미터 높이의 건물에서 뛰어내리는 상황에 대비해 보험을 들어놓았다. 그러나 건물의 높이를 쟀을 때는 겨울이었고, 실제로 촬영에 들어간 시기는 여름이었다. 더운 여름이면 건물의 철근도 늘어나기 마련이라서 이 건물 역시 몇 센티미터가 더 높아진 상태였다. 보험회사는 스턴트맨이 보험 조건보다 높은 건물에서 뛰어내렸다는 이유를 들어 보험금 지급을 거절했다.

109 아내는 독서할 때 손가락에 침을 발라서 책장을 넘기는 습관이 있었다. 이런 습관을 잘 알고 있던 남편은 출장 중에 책장마다 모서리에 독을 발라 선물로 보냈다. 이러한 사실을 알 리 없는 아내는 평소처럼 손가락에 침을 묻혀 책장을 넘기다가 자신도 모르게 독을 입에 넣고 말았다.

110 여자는 고기잡이배를 따라다니는 갈매기를 보고 고기를 잡았는지 아닌지를 판단했다. 어부들은 고기를 잡으면 생선 찌꺼기를 골라내 갑판 위에 모아두는데, 힘들게 사냥하기 싫은 갈매기들이 어부들이 모아둔 찌꺼기를 먹으려고 배를 따라다니기 때문이다.

111 미국에서는 날짜를 월/일/년도 순으로 표기하는 반면, 유럽에서는 일/월/년도 순으로 표기한다. 즉 3월 14일을 미국식으로 쓰면 3.14가 된다. 그래서 미국인들은 이날을 '파이(π) 기념일'(π=3.14)이라 부르며 축제를 열지만, 3월 14일을 14.3으로 표기하는 유럽에서는 파이 기념일이 되지 않는다.

112 남자가 머물던 숲 근처에서 화산이 폭발했다. 남자가 호수에 왔을 때는 이미 건너편까지 용암이 흘러내려 그 열기로 인해 호수의 물이 바싹 말라버린 상태였다. 남자는 이제 곧 자신에게로 용암이 덮칠 것임을 알 수 있었다.

113 기상 캐스터가 그려 넣은 작은 배는 집에서 텔레비전을 보고 있을 아내에게 '차가 없으니 데리러 와달라'는 메시지를 전달할 때 쓰는 신호였다. 이것은 휴대전화가 대중화되기 이전에

아일랜드의 한 방송국에서 실제로 일어난 일이라고 한다.

114 남자가 비행기에 오르려는 순간, 엔진에서 세차게 불어 나온 바람이 남자의 가발을 하늘 높이 날려버렸다.

115 죽은 남자는 성 발렌티노이다. 교황이 서기 5세기경에 성 발렌티노를 기리는 축일을 정한 뒤로 '발렌타인 데이'가 되면 수많은 연인들이 사랑의 편지를 주고받게 되었다. 통계에 의하면 발렌타인 데이에 발송되는 편지는 크리스마스 카드 다음으로 많으며, 그 숫자가 10억 통에 달한다고 한다.

116 남자는 고대 로마의 검투사였다. 그는 삼지창과 그물을 무기로 상대방을 죽이고 경기에서 승리했다.

117 남자가 아들에게 보내는 현금 봉투가 가끔씩 분실될 때가 있었다. 이번에도 누군가가 우편물을 가져갈까 봐 걱정이 되었던 남자는 모든 지폐를 절반으로 잘랐다. 그리고 먼저 오른쪽 절반을 보내서 아들이 봉투를 받으면 그제야 나머지 왼쪽 절반을 보내서 양쪽을 붙여 쓰도록 했다.

118 나방이 들어가 있었던 기계는 초창기의 컴퓨터 모델이었다. 그 뒤로 컴퓨터의 오작동이나 오류를 뜻하는 말로 '컴퓨터 버그' (bug. 벌레)라는 용어가 쓰이게 되었다.

119 제1차 세계대전이 한창이던 1914년, 서부전선에서는 영국군 과 독일군 간에 크리스마스를 기념하는 친선 축구경기가 열렸

다. 그러나 친선경기가 끝나자마자 군사들은 각자의 전선으로 돌아가 전쟁을 계속했다.

120 납치범이 인질의 가족들에게 몸값을 요구하자, 가족들은 남자가 살아 있다는 증거를 보여달라고 했다. 납치범은 당일 날짜의 신문을 들고 있는 인질의 사진을 찍어서 가족들에게 보냈고, 몸값을 받은 납치범은 인질을 풀어주었다.

121 여자 두 명이 극장에서 외투 하나를 놓고 서로 자기 옷이라며 다툼을 벌였다. 현장에 도착해 상황을 파악한 경찰은 파우더가 들어 있는 비닐봉지를 외투 주머니 속에 몰래 집어넣고는 여자들이 보는 앞에서 그 봉지를 꺼내 보였다. 얼핏 봐서는 마약처럼 보이는 봉지를 본 순간 한 여자는 "이건 내 옷이 아니에요!"라고 말했지만, 또 다른 한 여자는 "그게 왜 거기 있는지 난 몰라요!"라고 말했다. 덕분에 경찰은 진짜 외투 주인을 가려낼 수 있었다.

122 안경을 벗어둔 자리를 잊어버려서 늘 고생하던 남자는 아예 시력 교정 수술을 받기로 했다. 수술 후에도 건망증은 여전했지만, 이제는 안경을 찾으러 다니지 않아도 되니 한 가지 고민은 던 셈이다.

123 남자는 골동품 가게 주인이었다. 그의 가게에는 온통 싸구려 잡동사니뿐이었지만, 한 가지 값나가는 물건이 있었으니 바로 고양이의 밥그릇이었다. 가게에 들어온 손님들은 쓸모없는 물건들만 잔뜩 진열된 모습을 보고 발길을 돌리려다가, 고양이가

핥고 있는 비싼 도자기를 보고는 '가게 주인은 물건도 볼 줄 모르는 모양이야'라고 생각했다. 잠시 고민한 손님들은 주인에게 이렇게 말했다. "고양이가 참 귀엽네요. 이 고양이라도 살 수 있을까요? 50달러 드릴게요." 그러면 가게 주인은 내키지 않는 표정을 지으며 못 이기는 척 고양이를 팔았다. 손님들은 고양이를 데리고 나가면서 가게 주인에게 다시 한 번 물었다. "고양이가 자기 밥그릇을 좋아하는 것 같으니까 저 그릇도 같이 사 갈게요. 그릇 값은 20달러 정도면 되겠죠?" 그러나 손님들의 계산과는 달리 주인은 웃으며 말했다. "그건 안 됩니다. 그 그릇은 행운의 도자기거든요. 그것 덕분에 이번 주에만 고양이를 스무 마리나 팔았는걸요."

124 마피아의 돈을 훔쳐서 달아났던 남자가 붙잡혀 왔다. 하지만 마피아와 남자는 서로 말이 통하지 않았으므로 그를 심문하려면 통역을 불러와야 했다. 마피아는 "돈을 숨긴 곳을 말하면 목숨만은 살려줄 것이나, 사실대로 말하지 않으면 가차 없이 죽이겠다."라고 말했다. 두려움에 떨고 있던 남자는 돈을 숨겨둔 곳의 정확한 위치와 주소까지 말했지만 이를 다 듣고 난 통역은 마피아에게 이렇게 전했다. "돈을 숨긴 곳을 말할 생각이 없다는군요. 자기를 죽일 만한 배짱이 있으면 죽여보라고 합니다." 이 말을 들은 마피아는 그 자리에서 남자에게 총을 쐈고, 남자가 숨겨놓은 돈은 통역사가 꿀꺽해버렸다.

125 도둑은 보안요원 주위에 후추를 뿌려두었다. 보안요원이 연거푸 재채기를 하느라 눈을 감은 사이에 도둑은 재빨리 진짜 보석을 모조품으로 바꿔치기했다.

126 피에르는 프랑스에서 단두대에 처형된 죄인이었다. 마지막 숨이 끊어지고 의식이 사라지기 직전에 저 멀리 서 있는 가족과 친구들이 보였지만, 피에르는 더 이상 말을 할 수가 없었다.

127 여자는 손목을 크게 다쳐 병원에 가던 중이었다. 오랜만에 옛 친구를 만났지만 손목을 다친 탓에 악수를 할 수도 손을 흔들 수도 없었다.

128 때는 바야흐로 1900년대 초. 러시아의 마지막 황제 니콜라스 2세는 표트르 파베르제(Peter Faberge. 러시아 궁중의 보석 세공가)가 만든 달걀 공예품을 아이들에게 선물로 주었다. 이 '파베르제의 달걀'은 정교한 세공으로 유명하며 현재 수백만 달러를 호가하는 예술품으로 평가받고 있다.

129 여자가 산책을 나왔을 때 갑자기 우박이 쏟아졌다. 테니공 만한 우박이 머리 위로 떨어지자 여자는 그 자리에서 쓰러졌고, 우박은 모두 녹아버렸다.

130 도둑이 일단 담벼락을 넘으면 밖에서는 안에 있는 도둑이 보이지 않지만, 울타리를 치면 도둑이 넘어 들어가도 틈새를 통해 안쪽을 볼 수 있다. 이렇게 되면 집 밖에 있는 사람들이 도둑을 보고 신고할 수 있기 때문에 보안에 더욱 효과적이다.

131 구소련의 초대 대통령을 지냈던 미하일 고르바초프(Mikhail Gorbachev)는 이마 위에 특이한 모반이 있는 것으로 유명하다. 이러한 유명세를 이용해보려는 한 보드카 회사에서 '고르바초

프'라는 이름과 그의 얼굴이 그려진 제품을 출시하자, 그는 자신의 이름과 모반의 모양을 악용하지 못하도록 상표권을 등록했다.

132 플래시를 써서 사진을 찍으면 동공 모세혈관에 반사된 빛 때문에 눈동자가 붉게 나타나는 적목현상이 생긴다. 그러나 사진 속의 아들은 한쪽 눈에만 적목현상을 보였다. 사진을 본 어머니는 혹시나 하는 마음에 아들을 병원으로 데려갔고, 검사 결과 한쪽 눈의 망막에서 악성 종양이 발견되었다. 망막 이상으로 플래시의 빛을 반사시키지 못한 사진 덕분에 아들은 수술을 받고 건강을 되찾았다.

133 남자는 집에 도둑이 든 것을 알고 경찰에 전화를 걸었지만 아무도 전화를 받지 않았다. 몇 개월 후 집 창고에 또다시 도둑이 들었다. 하지만 이번에도 모든 경관이 현장 근무 중이라 갈 수 없다는 답변만 되돌아왔다. 화가 난 남자는 "그렇다면 할 수 없죠. 도둑들은 제가 다 죽였으니까 걱정할 필요는 없을 겁니다."라고 말한 뒤 전화를 끊어버렸다. 살인사건이 발생했다고 생각한 경찰은 즉시 남자의 집으로 출동해서 창고에 있던 도둑을 현행범으로 체포했다. 경찰이 남자의 거짓말을 나무라자 그는 이렇게 대꾸했다. "못 오신다면서요?"

134 갱도에 갇힌 남자는 나가는 길을 찾지 못하고 있었다. 그는 고심 끝에 아내가 떠준 스웨터의 실을 풀어서 이동경로를 표시했고, 덕분에 미로 같은 갱도에서 빠져나올 수 있었다.

135 남자가 들어가려 했던 건물은 다우닝가 10번지에 있는 영국 수상의 관저였다. 영국 정부의 주요 청사가 밀집된 이곳의 건물들은 보안을 위해 열쇠구멍을 건물 안쪽으로 설치해두었다.

136 남자는 식당에서 가장 저렴한 메뉴만 주문하는 여자를 보며 청혼을 거절당하리라고 짐작했다. 여자가 청혼을 받아들일 생각이었다면 저렴한 메뉴가 아니라 근사하고 비싼 음식을 시켰을 것이다.

137 마크 트웨인은 위스키 병을 가리켜 '나이트캡'(nightcap)이라고 둘러댔다. 나이트캡은 '잠잘 때 쓰는 모자'라는 뜻도 있지만 '자기 전에 마시는 술'을 가리키기도 한다.

138 숲 맞은편 가게에서는 성능 좋은 쌍안경을 판매하고 있었다. 쌍안경에 관심 있는 손님들은 하나같이 그 성능부터 확인해보고 물건을 사는지라, 손님들이 보고 감탄할 만한 대상이 필요했다. 고심하던 가게 주인은 숲속 나무에 박제 부엉이를 놓아두었다.

139 이 비행기는 다른 비행기에 실려서 항공모함으로 이동 중이었다. 그러니 엔진을 끄고도 무사히 비행한 것이다.

140 서커스 단원이었던 남자는 대포에서 인간폭탄이 되어 날아가는 묘기를 선보이는 역할을 담당하고 있었다. 어느 날 남편이 앓아눕자 같은 서커스 단원이었던 아내가 남편의 묘기를 대신 맡았다. 그러나 남편보다 몸무게가 가벼웠던 아내는 발사된 뒤

안전망에 착륙하지 못하고 벽에 부딪혀 목숨을 잃었다.

141 적군에게 부상만 입히고 죽이지 않는 것은 고전적인 전술 중 하나다. 전투 중에 군인이 죽으면 살아남은 사람들이 그 시체를 묻어주거나 버려두면 그만이며, 부대의 병력은 사망한 군인의 수만큼 줄어들 뿐이다. 그러나 살아남은 군인이 전투를 하지 못할 정도의 부상을 입게 되면 이야기가 달라진다. 부상당한 병사를 전장에서 데려오려면 여러 병사들이 부축해야 하므로 전투력이 급격히 떨어지게 된다. 뿐만 아니라 그를 치료하는 데 필요한 의사, 간호사, 의약품, 병원 시설은 물론이고 전쟁이 끝난 뒤의 재활훈련, 보상, 환자 수송, 정신과 치료, 연금 등부가적으로 투입되는 인력과 비용이 상당해진다. 사망자보다 부상자에 대한 부담이 더 크다는 사실을 알고 있는 남자는 일부러 적군을 다치게만 할 뿐 죽이지 않은 것이다.

142 은행에서는 직원들이 휴가를 떠난 사이에 직원들의 사기성 불법 거래를 단속했다. 2주간 휴가를 준 까닭은 각 직원들이 담당하고 있는 거래를 조사하려면 2주라는 시간이 필요했기 때문이다.

143 중세시대 교회의 관례에 따르면 종교적 신분에 따라 무덤에 세울 수 있는 십자가의 수가 달랐다. 주교의 무덤에는 십자가를 일곱 개까지 세울 수 있지만, 일반 성직자는 다섯 개, 일반인은 단 한 개만 세울 수 있었다.

144 컴퓨터와 체스 경기를 하다 진 남자는 자존심이 상한 나머지 컴퓨터를 박살냈다.

145 학생들의 특별 학습을 위해 경찰이 경찰견을 데리고 학교를 방문하자 아이들은 잘 훈련된 강아지를 보고 마냥 좋아했다. 그러나 마약 단속견으로 훈련받은 강아지가 몇몇 학생들이 몰래 숨겨둔 마리화나를 찾아내는 '실력'을 발휘하여 학교가 발칵 뒤집히고 말았다.

146 졸음운전을 하던 여자가 잠에서 깨고 보니 차는 이미 수로 밑바닥까지 가라앉은 상태였다. 다급해진 여자는 119에 전화를 걸어 구조 요청을 했고, 119 안내원은 창문을 열고 헤엄쳐 나오라고 알려주었다. 하지만 모든 전기장치가 물에 젖어서 창문이 열리지 않았고, 수압 때문에 차문도 열리지 않았다. 결국 창문도 문도 열지 못한 여자는 물이 흘러드는 차 안에 갇혀서 익사하고 말았다.

147 남자는 친구와 스키를 타고 있었다. 남자가 저 멀리 있는 친구에게 "눈사태를 조심해!"라고 큰 소리로 외치자 그 울림 때문에 정말로 눈사태가 일어났다.

148 이곳에서 빈센트 반 고흐를 소재로 한 영화를 촬영할 예정이었다. 농부는 고흐의 작품에 등장하는 배경처럼 만들어달라는 부탁을 받고 들판을 황금색으로 물들였다.

149 여자는 차를 출발시키고 나서야 트렁크를 열어둔 것이 기억났다. 하지만 도중에 차를 세우기가 곤란하자 과속방지턱을 지날 때의 충격을 이용해 트렁크 문을 닫았다.

150 지구상에서 가장 추운 사막은 남극대륙이다. 영구빙설사막인 남극대륙은 실제로 비가 거의 오지 않는다.

151 고객과 약속이 있었던 세일즈맨은 미국 플로리다 주 고속도로에서 시속 130킬로미터로 달리면서 영업 매뉴얼을 보다가 사고를 당했다. 이 사건은 1993년에 일어났으며, 세일즈맨은 다윈상(이상한 행동을 실천하려다 바보같이 죽어 인류의 열성 유전자를 없앤 공로로 주어지는 상으로 언론에 보도된 어이없는 죽음 가운데 네티즌의 투표에 의해 결정된다)을 수상했다.

152 소년이 연습하는 육상 종목은 장애물 경주였다. 그런데 마을에서 뛰어넘을 만한 장애물이라고는 교회 공동묘지에 있는 비석뿐이었다. 공동묘지의 비석을 넘어다니는 소년을 본 경찰은 본의 아니게 무례한 행동을 하고 있는 학생을 말릴 수밖에 없었다.

153 관리인이 일하고 있는 곳은 여학교였다. 꾸미기 좋아하는 십대 소녀들은 립스틱이 입술에 고르게 잘 발렸는지 보기 위해 화장실 거울에 입술 자국을 찍어보곤 했다. 이를 알게 된 교장 선생님은 전교생을 불러 모은 자리에서 관리인이 화장실 거울을 닦는 모습을 보여주기로 했다. 관리인은 교장 선생님의 사전 지시대로 대걸레를 변기에 담갔다가 화장실 거울을 닦았고, 그

뒤로는 누구도 화장실 거울에 입술 자국을 남기지 않았다.

154 와인 병에는 비틀스 멤버들의 서명이 적혀 있었다. 어느 날 비틀스 멤버 중 한 명인 존 레넌이 사망하자 그의 서명이 적힌 와인 병은 인기 수집품이 되어 고가에 팔렸다.

155 미국의 제9대 대통령이었던 윌리엄 헨리 해리슨(1773~1841)은 취임 중에 사망한 최초의 대통령이다. 대통령 취임식이 열린 1841년 4월의 워싱턴은 부슬비가 내리는 쌀쌀한 날씨였다. 해리슨 대통령은 모자도 쓰지 않고 외투도 입지 않은 채 빗속에서 장장 100분 동안 취임식 연설을 이어갔고, 그 일로 폐렴에 걸리는 바람에 취임 1개월 만에 사망하고 말았다.

156 한 손님이 식당에서 감자튀김을 주문하더니 튀김이 바삭바삭하지 않고 감자가 너무 두껍다면서 계속해서 다시 튀겨 오라고 불만을 늘어놓았다. 말도 안 되는 불평에 짜증이 난 주방장은 손님을 골려줄 생각으로 감자를 최대한 얇게 썰어버렸고, 얇은 감자튀김은 다 바스러질 정도로 바삭거렸다. 그날 탄생한 얇은 감자튀김이 오늘날의 감자칩이 되었다.

157 1시 50분 또는 10시 10분을 가리키는 시침과 분침의 모양을 보면 웃고 있는 얼굴 표정을 떠올리게 된다. 시곗바늘의 모양을 통해 웃는 얼굴 표정을 연상하게끔 하는 아이디어는 일본에서 유래했다고 한다.

158 100미터를 가장 빨리 달리고도 우승을 놓친 선수는 바로 칼 루이스(Carl Lewis)이다. 그가 100미터를 가장 빠른 속도로 달린 사람임에는 분명했지만, 안타깝게도 출발 시간이 조금 느렸다. 우승한 선수는 출발신호를 듣고 0.03초 만에 출발한 반면, 칼 루이스는 0.05초가 지나서야 출발하는 바람에 결승선을 통과한 시간이 늦어지고 말았다.

159 아일랜드 남동부에 위치한 위클로카운티의 아클로에서는 해마다 음악 경연대회가 열린다. 1978년도 대회 당시 합창 부분에 참가한 팀은 단 한 팀밖에 없었다. 그러나 무대에 올라야 할 사람들이 무려 한 시간이나 지각을 하는 바람에 심사위원들은 유일한 참가팀인 '더블린 웨일스 남성합창단'에게 1등상이 아닌 2등상을 주었다고 한다.

160 호텔이나 레스토랑의 주방에서는 소금과 후추가 들어간 요리용 와인을 주문해서 쓴다. 일반 와인을 사용하면 주방에서 일하는 직원들이 요리에 써야 할 와인을 마셔버리는 일이 발생할 수 있기 때문이다.

옮긴이 권태은

홍익대학교 금속재료공학과를 졸업하고 세종대학교 영문학과 대학원에서 번역학을 전공했다. 멘사코리아 회원이며, 현재 번역에이전시 엔터스코리아에서 수학 및 인문 분야 전문번역가로 활동하고 있다. 옮긴 책으로《멘사 공부법》《번역학 이론》《여성 수학자들》등이 있다.

본문 그림 조형석

《동물원에서 사라진 철학자》《수학 서핑》《배우기 쉬운 한국어》《말하기 쉬운 한국어》 등에 그림을 그렸으며, '북극성'이라는 필명으로〈진보 정치〉〈이슈아이〉 등에 시사만화를 연재하고 있다.

멘사 추리 퍼즐 3
IQ 148을 위한

1판 1쇄 펴낸 날 2019년 2월 20일
1판 3쇄 펴낸 날 2023년 1월 25일

지은이 | 폴 슬론·데스 맥헤일
옮긴이 | 권태은
본문 그림 | 조형석
감　수 | 멘사코리아

펴낸이 | 박윤태
펴낸곳 | 보누스
등　록 | 2001년 8월 17일 제313-2002-179호
주　소 | 서울시 마포구 동교로12안길 31 보누스 4층
전　화 | 02-333-3114
팩　스 | 02-3143-3254
이메일 | bonus@bonusbook.co.kr

ISBN 978-89-6494-364-9　04410

＊ 이 책은《추리 퍼즐 스페셜》의 개정판입니다.

• 책값은 뒤표지에 있습니다.

IQ148을 위한
MENSA PUZZLE SERIES

영국 아마존
베스트셀러

30만부
돌파!

과학 분야
베스트셀러

멘사코리아
감수

내 안에 잠든
천재성을 깨워라!

대한민국 2%를 위한
두뇌유희 퍼즐

멘사 논리 퍼즐

필립 카터 외 지음 | 250면

멘사 문제해결력 퍼즐

존 브렘너 지음 | 272면

멘사 사고력 퍼즐

켄 러셀 외 지음 | 240면

멘사 사고력 퍼즐 프리미어

존 브렘너 외 지음 | 228면

멘사 수학 퍼즐

해럴드 게일 지음 | 272면

멘사 수학 퍼즐 디스커버리

데이브 채턴 외 지음 | 224면

멘사 수학 퍼즐 프리미어

피터 그라바추크 지음 | 288면

멘사 시각 퍼즐

존 브렘너 외 지음 | 248면

멘사 아이큐 테스트

해럴드 게일 외 지음 | 260면

멘사 아이큐 테스트 실전편
조세핀 풀턴 지음 | 344면

멘사 추리 퍼즐 1
데이브 채턴 외 지음 | 212면

멘사 추리 퍼즐 2
폴 슬론 외 지음 | 244면

멘사 추리 퍼즐 3
폴 슬론 외 지음 | 212면

멘사 추리 퍼즐 4
폴 슬론 외 지음 | 212면

멘사 탐구력 퍼즐
로버트 앨런 지음 | 252면

멘사퍼즐 논리게임
브리티시 멘사 지음 | 248면

멘사퍼즐 사고력게임
팀 데도풀로스 지음 | 248면

멘사퍼즐 아이큐게임
개러스 무어 지음 | 248면

멘사퍼즐 추론게임
그레이엄 존스 지음 | 248면

멘사퍼즐 두뇌게임
존 브렘너 지음 | 200면

멘사퍼즐 수학게임
로버트 앨런 지음 | 200면

멘사코리아 사고력 트레이닝
멘사코리아 퍼즐위원회 지음 | 244면

멘사코리아 수학 트레이닝
멘사코리아 퍼즐위원회 지음 | 240면

멘사코리아 논리 트레이닝
멘사코리아 퍼즐위원회 지음 | 240면